二十世纪七十年代末在位于四川的核工业部第一研究设计院工作时留影

人生历程

——丛书主编李建中和夫人

二十世纪八十年代在中共漯河市委工作时留影

二十世纪九十年代在中共三门峡市委工作时留影

二〇〇六年五月重返核工业部第一研究设计院时留影

在河南省科协工作时留影

二〇一一年开始连续三年开花亲手养育的巴西木从

3 # 多姿气象

丛书主编　李建中

丛书副主编　谈朗玉　李大东　张令朝

本卷主编　王建国

KEPU TONGJIAN

DUOZI QIXIANG

中国科学技术出版社

河南科学技术出版社

图书在版编目（CIP）数据

多姿气象/王建国主编 . —郑州：河南科学技术出版社，2013. 10
（科普通鉴/李建中主编）
ISBN 978 – 7 – 5349 – 6591 – 3

Ⅰ. ①多… Ⅱ. ①王… Ⅲ. ①气象学 – 普及读物 Ⅳ. ①P4 – 49

中国版本图书馆 CIP 数据核字（2013）第 227583 号

出版发行：中国科学技术出版社
地址：北京市海淀区中关村南大街 16 号　　邮编：100081
电话：(010) 62106522
网址：www. espbooks. com. cn
河南科学技术出版社
地址：郑州市经五路 66 号　　邮编：450002
电话：(0371) 65737028
网址：www. hnstp. cn
统筹编辑：尚伟民　蒋云鹏　徐　涛
策划编辑：李喜婷　冯　英
责任编辑：冯　英
责任校对：柯　姣
封面设计：赵　钧
版式设计：赵玉霞
责任印制：朱　飞
印　　刷：郑州金秋彩色印务有限公司
经　　销：全国新华书店
幅面尺寸：185 mm × 260 mm　　印张：14. 5　　字数：240 千字　　彩插：4
版　　次：2013 年 10 月第 1 版　　2013 年 10 月第 1 次印刷
定　　价：32. 00 元

《科普通鉴》丛书

主 编 李建中

副主编 谈朗玉　李大东　张令朝

序

科技是人类智慧的伟大结晶，创新是文明进步的不竭动力。

回望文明历程，科技之光涤荡了人类旅途之蒙昧阴霾，科技之火点燃了人类心灵之求知火焰，科技之灯照亮了人类发展之光辉前程。科学技术的每一次重大突破，每一项发明创造的诞生，不仅推动人类对客观世界之认知发生质的飞跃，而且促使人类改造世界之能力得到提升。18 世纪中期以来的 200 多年，是科学技术突飞猛进的历史时期。数学、物理、化学、天文学、地学和生物学等各个领域的研究均取得了空前成就，并引发了一次又一次重大科技理论革命，特别是牛顿力学、爱因斯坦相对论和量子力学的创立，深刻改变了人类生存状态和生产、生活方式。在不计其数的科技发明、发现、创造中，蒸汽机、电话、火车、汽车、医用 X 光片、青霉素、DNA 双螺旋结构、火箭、阿波罗 10 号太空舱、计算机等无疑是改变世界的重大发明、发现及创造。

放眼现代社会，科技已经成为推动经济快速发展的主导力量和创造社会财富的主要源泉，成为国家间、区域间竞争的核心和壮大综合国力的决定性力量。为了在竞争中取得优势地位，各国、各地区，特别是发达国家及地区都高度重视科技创新和发展。进入21世纪的短短十余年间，全球科技创新浪潮此起彼伏，科技发展日新月异，创新成果大量涌现。人类基因组序列图完成，细胞重新编程技术，人类最早祖先确定，宇宙存在暗物质猜想，干细胞研究的新进展，纳米技术研究的新突破，欧洲强子对撞机启动，人类探测器创最远纪录，七大数学难题之一——庞加莱猜想被证明，则可能是最具科学价值的重大科技成就。

展望未来，人类前进的道路上依然存在无数难题等待破解，依然存在众多未知世界等待认识。尤其是随着人口数量急剧增加、自然资源逐渐枯竭和生态环境的日益恶化，人类正遭遇着前所未有的生存挑战和危机。毫无疑问，应对挑战、解决危机，只有依靠科技的不断创新与发展。在可以预见的未来，为了拓展生存空间，提高生存质量，必将掀起一场以信息科技革命为先导、新材料科技为基础、生命科技为核心、新能源科技为动力、海洋科技和航天科技为内拓和外延的新的科技创新浪潮。

伴随知识经济向创意经济的转变，科学技术进入了多学科交叉、互为渗透、综合发展的历史时期，形成了学科林立、知识纷繁的新格局。面对浩如烟海的科技世界，经与有关专家学者反复研究论证，从理、工、农、医和高新科技五大领域中确定了26个社会公众关注度较高的选题编著成书。

弘扬科学精神，传播科学思想，倡导科学方法，普及科学知识，促进创新创造，是编著本书的基本思想。考虑到读者对象年龄、职业、身份的多样性和对知识需求的差异性，力求做到重点突出，脉络清晰，融入人文精神，体现人文情怀，以达引人入胜的效果。

此套大型科普丛书，涉及领域广，学科多，在内容和表述上尽可能避免交叉重复或冗长繁杂，在体例和风格上尽可能保持相对统一。但是，由于我们学识水平有限，编著时间仓促，缺乏相应经验，个别章节仍然存在这样那样的问题。这些缺憾，我们将在再版重印时加以修订改进。诚恳希望广大读者对本书的修订改进提出宝贵意见和建议，使本书的质量再版时有一个较大提高。

通览科技文明，鉴取创新精粹。期待有缘阅读本书的各界人士，汲取科技精髓，激发创新思维，为中华民族的伟大复兴贡献聪明才智。

即将退休前夕，主持编著了这套大型科普丛书，期望能对后人创新思维、报效祖国产生一些积极的影响。借此机会，感谢我的妻子曹四梅对编著本书所给予的宝贵意见，特别要感谢她三十多年来对我工作的支持和无私的奉献！我的妻子曹四梅，原籍安徽宿州，1957 年出生于河南项城，婚后三十五年，对我生活上的照顾无微不至，才使我有足够的时间和精力投身于国家的事业。回首往昔，岁月峥嵘；弹指一挥间，履职三十六个春秋。极目长天，光阴荏苒；伴随万物生，年轮滚动催生霜鬓。谨用一首《复兴华夏》的藏头诗作为对伟大祖国的美好祝愿。

复礼克己演春秋，

兴业建邦造英雄。

华族鼎立环球日，

夏禹仙界贺奇功。

祖国广袤无垠的辽阔疆域，哺育着伟大的华夏民族繁衍生息。白发的烙印，既留下了少年时代的天真烂漫，又刻画了中青年时代的历史轨迹。我热爱我的祖国，更加由衷真诚地祝愿国家富强昌盛、人民安康幸福！

河南省科学技术协会主席、党组书记　李建中

2013 年 6 月

目　录

引言 ／001

1 发生在昨天的重大气象灾害 ／003

　1.1 洒向人间都是怨的特大暴雨 ／003

　1.2 席卷大半个中国的滚滚寒流 ／007

　1.3 暴雨引发的次生灾害——泥石流 ／009

　1.4 大气中的恶煞——风暴 ／010

　1.5 大气中的杀手——烟雾 ／014

2 揭开地球大气的神秘面纱 ／019

　2.1 地球大气的形成 ／020

　2.2 大气家族中的重要成员 ／022

　2.3 大气的垂直结构 ／028

3 大气的运动 ／032

　3.1 大气的水平运动 ／032

　3.2 大气的垂直运动 ／038

　3.3 天气系统 ／042

4 绝妙的水汽 "变脸" ／050

　4.1 琳琅满目的地面凝结物 ／050

4.2　千姿百态的云　/ 057

5　天空落下的雨雪冰雹　/ 067

5.1　雨滴和雪花的旅程　/ 067

5.2　冰雹的成长经历　/ 069

5.3　人工增雨防雹　/ 071

6　天空的闪光与炸响　/ 077

6.1　雷电的传说、传奇和揭秘　/ 078

6.2　雷电的形成　/ 082

6.3　闪电的形状　/ 085

6.4　雷电的危害和预防　/ 089

7　大气中的光学奇观　/ 096

7.1　装点大自然的蓝天、白云、红霞　/ 096

7.2　半红半紫挂天腰的虹　/ 098

7.3　环绕日月的七彩光环　/ 101

7.4　划破极地夜空的极光　/ 104

7.5　非云非雾非丹青的佛光　/ 108

7.6　虚无缥缈的蜃景　/ 111

8　探测云天与天气预报　/ 117

8.1　探测云天　/ 117

8.2　气象信息交换　/ 133

8.3　天气预报　/ 139

8.4　天气预报的分类和发布　/ 150

9 专业气象与气象灾害防御 / 154

　　9.1 农、林、牧业气象 / 155

　　9.2 水文与电力气象 / 167

　　9.3 航空航天气象 / 174

　　9.4 气象灾害防御 / 182

10 战争中的另类武器——气象 / 191

　　10.1 气温对战争的影响 / 191

　　10.2 风对战争的影响 / 196

　　10.3 能见度对战争的影响 / 203

　　10.4 降水对战争的影响 / 209

结语 / 214

参考文献 / 216

后记 / 218

引　言

　　气象灾害是自然灾害中最频繁且严重的灾害。我国是世界上气象灾害发生十分频繁、灾害种类甚多且造成损失十分严重的少数国家之一，而且随着经济的高速发展，自然灾害造成的损失呈上升发展趋势，直接影响着社会和经济的发展。影响我国的气象灾害主要有干旱、暴雨、台风、冰雹、低温冻害、雪灾等。由于旱灾的特点是范围广、时间长、影响远，因此旱灾是中国气象灾害中损失最为严重的一类灾害；而暴雨洪涝灾害是仅次于旱灾的气象灾害。除干旱、暴雨洪涝以及热带气旋导致的台风是中国最常见的气象灾害中危害程度最严重的灾害种类外，雷击、沙尘暴、霜冻、冰雹、雾灾等在中国也是经常发生的危害较大的气象灾害。

　　为防御和最大限度地减轻气象灾害对经济建设及人民生命财产造成的损失，新中国的气象工作者用自己的辛勤汗水和聪明才智书写了可歌可泣的篇章。他们始终把准确作为发展气象事业的核心，把及时作为气象事业发展的灵魂，把创新作为发展气象事业的精髓，把奉献作为新中国气象人的基本品质，而且这种准确、及时、创新、奉献精神，与时俱进，代代传承。

　　早在20世纪50~60年代，新中国第一代气象人就开始了数值预报模式及相关算法的研究，并建立了试验预报系统，成为数值天气预报起步较早的国家之一。

　　20世纪70年代，气象工作者先后两次尝试两层模式、简单的北半球正压、三层原始方程模式的开发和试验，仅仅因受历史条件及通信能力和计算机资源的限制，未能建立真正意义上的数值天气预报业务。

经改革开放后的30多年的发展，中国的数值天气预报技术日臻完善，并建立了完善的数值天气预报业务系统。截至2010年，中期预报模式、区域预报模式已由中国自行研究，台风路径预报模式、海浪预报模式、环境预报模式、集合数值天气预报系统等也相继投入业务运行，中国已成为世界上开展全球、有限区和中小尺度数值模式预报的主要国家之一。

进入21世纪后，中国气象业务现代化建设突飞猛进，气象卫星、新一代天气雷达和各种现代化气象仪器投入使用，全国地面气象通信宽带网络系统建成并投入运行，全国气象单位之间实现了任意点到点之间的通信。气象业务现代化建设的快速发展，不仅增加了大量气象信息，推动了气象业务和科研的发展，提高了预报质量，而且实现了中国气象频道音、视频天气预报节目实时播放，使各种气象服务产品更加快捷及时并且全天候地服务于百姓、服务于社会、服务于经济建设。

1 发生在昨天的重大气象灾害

所谓气象灾害是指由气象原因造成的灾害，如寒潮、大风、干旱、暴雨、冰雹、龙卷风、台风等。许多气象灾害，特别是等级高、强度大的气象灾害发生以后，常常诱发出一连串的其他灾害接连发生，这种现象叫灾害链。灾害链中最早发生的灾害称为原生灾害，由原生灾害所诱导出来的灾害则称为次生灾害。气象次生、衍生灾害是指因气象因素引起的如山体滑坡、泥石流、风暴潮、森林火灾、酸雨、空气污染等灾害。

气象灾害不仅对国民经济建设及国防建设等造成直接或间接损害，而且还危及人类生命。发生在昨天的严重气象灾害，令人触目惊心：1975 年 8 月发生在中国河南的特大暴雨，使河南省 29 个县（市）、1100 万人受灾，超过 23 万人死亡，给河南灾区人民留下了永远的伤痛；2005 年 8 月下旬，飓风"卡特里娜"袭击美国新奥尔良市，百万人被迫撤离飓风可能抵达的地区，密西西比州哈瑞森县共 80 人丧生，整个密西西比州的死亡人数至少为 218 人……

1.1 洒向人间都是怨的特大暴雨

同一地区 24 小时内降雨大于等于 250 毫米的雨称为特大暴雨。特大暴雨属于小概率事件，发生后会引起诸多灾难性问题。

1.1.1 震惊世界的河南 "75·8" 特大暴雨

1975 年 8 月 4～8 日，"7503"号台风在中国东南沿海登陆变成台风低气压，深入河南境内。8 月 5～7 日，河南许昌南部、南阳东部和信阳以北地区连降特大暴雨。8 月 7 日，泌阳林庄降雨 1005.4 毫米，泌阳老君 1 小时最大降水量达到 189.5 毫米。4 天雨量超过 500 毫米的有西平、上蔡、平舆、汝南、舞阳等 5 县，5 天雨量超过 1000 毫米的有泌阳和方城两县。汝河、沙河、颍河、唐河和白河流域发生了中国历史上罕见的特大暴雨，日雨量创中国大陆地区最高纪录，世界纪录中也很罕见。

京广铁路遂平段被冲毁

8 月 8 日 01 时，驻马店地区板桥水库漫溢垮坝，6 亿多立方米洪水、17 米高的洪峰咆哮而下，溃决时最大出库瞬间流量为 7.81 万米^3/秒，6 小时向下游倾泻 7.01 亿立方米洪水。受灾最严重的驻马店地区，20 小时内淮河上游 6 座大、中型水库相继垮坝，洪水倒海翻江，数百万人浸泡在洪水之中，有人中毒，有人患病，有人饿死。同期竹沟中型水库垮坝，薄山水库漫溢，石漫滩、田岗水库垮坝，共有 58 座小型水库在短短数小时间相继垮坝溃决。

洪水过后，汝河大桥前前后后堆满了尸体，有的被洪峰携带撞死在桥墩前，有的被吸进桥洞里窒息而死，尸首大多残缺不全，惨状令人目不忍睹。京广铁路铁轨被洪水冲得扭曲变形，宛如麻花。

河南省有 29 个县市、1100 万人受灾，超过 23 万人死亡；113 万亩农田被淹，其中 73 万亩农田受到毁灭性的破坏；倒塌房屋 596 万间；京广线被冲毁 102 千米，中断行车 18 天，影响运输 48 天。灾害造成的直接经济损失近百亿元。

8 月 9 ~ 22 日，按照国家的部署，卫生部，解放军总后勤部，北京、湖北、河北、山西、武汉、广州等军区，以及全国 198 个医疗部门，派出 3000 多名医务工作者抵达灾区，投入到一场并不比抗洪抢险轻松的防疫工作之中。9 月 1 ~ 6 日，空军连续出动飞机 248 架次，喷洒可湿性"六六六"粉 248 吨，覆盖了宿鸭湖以西 250 多万平方千米的广大地区，有效地遏止了流行性感冒、细菌性痢疾、传染性肝炎、疟疾、流行性乙脑、钩体病的滋生蔓延。

中央慰问团报请国务院批准，迅速往灾区调运粮食、炊具、医药和搭建简易房屋的席子等；铁道兵开赴漯河和驻马店之间，紧急抢修被洪水冲坏的京广铁路及公路和电信线路；郑州、洛阳、开封、信阳、武汉等地全民动员，日夜赶制大饼和馒头；全国各地自天上、地上、水中向灾区运送大批救灾物资，从大型拖拉机、载重汽车、发电机组，到锅碗瓢勺、针头线脑，组成了一幅幅"暴雨无情人有情""一方有难、八方支援"的感人画面。

1.1.2　河北省獐㺿特大暴雨

1963 年 8 月上旬，华北地区上空出现的稳定低压槽与北上的低涡相遇后势力增强，携带大量水汽的西南及东南气流至太行山被地形抬升，在河北省中南部太行山东麓的邢台内丘县獐㺿公社等地形成了一场特大的、史称"63·8"暴雨的大洪灾。从 8 月 1 日起，大暴雨连降 7 天，过程总雨量达 2050 毫米，其中 3 天最大雨量 1560 毫米，24 小时最大雨量 950 毫米。暴雨强度之大、面积之广、持续时间之长，均创中国当时的实测降水量最高记录。这次大暴雨，比河南驻马店"75·8"大暴雨影响范围更大，以獐㺿为中心的暴雨区过程总雨量超过 1000 毫米，面积达 5430 平方千米，致使海河流域南部各河洪水泛滥，导致京广线中断，天津告急。

1.1.3　内蒙古毛乌素特大暴雨

1977 年 8 月 1 ~ 2 日，内蒙古自治区乌审旗和陕西省榆林地区交界处的毛乌素沙漠，出现了当地历史上罕见的特大暴雨。据调查，从8月1日8时到2日8时，24小时降雨量超过100毫米的面积约8000平方千米，500毫米以上降水区约900平方千米，最大降水中心在乌审旗什拉淖海。据当地对防雹桶内积水深度估计，24小时雨量可达1050毫米。如果根据哈图才当坛子内积水深度估计，雨量还要大得多。这是中国乃至世界上沙漠地区最大的暴雨。

1.1.4 长江流域特大暴雨

中国南方长江流域最著名的大水年份是1931年、1954年、1980年和1998年。

1931年7月，本该在6月中下旬到7月上旬结束的梅雨天气，却持续到7月下旬，暴雨影响区月雨量偏多400毫米，为往年的三四倍，导致290个县、841万平方千米土地被淹。淮河流域，洪水闯入蚌埠市，越过淮河大堤，漫过津浦铁路，向东直泻江苏，再突破运河堤防，横扫里下河地区。长江流域沿岸城市包括南京在内，全都浸泡在洪水里，武汉市积水4个月不能排出。据统计，全国受灾人口达8000万，约占当时全国人口的1/6，灾民死亡约100万。

1954年夏季，长江流域从5月底就提前进入雨季，一直持续到7月底，比往年延长一个月。汛期总雨量800～1300毫米，湖北、赣北、皖南甚至超过2000毫米。洪水之猛，范围之大，时间之长，都超过了当地1931年的大洪灾。武汉最高水位达29.73米，比1931年高2.79米。

1980年的长江流域大暴雨类似于1954年，总雨量500～900毫米，个别地区达1600～2000毫米。这次暴雨总雨量虽小于1954年，但雨季结束时间晚了一个月。8月13日至9月初，长江中下游及各干流水位仍普遍超过警戒水位，汉口8月和9月长江最高水位分别达27.69米和27.76米，仅低于1954年和1931年，居1865年以来特大暴雨洪水第三位。

1998年中国的长江流域发生了继1954年洪水之后的又一次全流域的大洪水，水位高且持续时间长，异常降水是形成洪水的直接原因。降水异常的原因，是由于强厄尔尼诺事件使大气环流异常，导致西太平洋副热带高压位置偏南，暖湿空气与南下冷空气频繁在长江流域交汇，致使长江流域大部频繁降大雨；同时，中尺度强对流云团频繁发生导致暴雨、大暴雨和特大暴雨连续出现。这场历史罕见的洪水给国民经济和人民的生命财产安全都造成了极大的危害。

1.1.5 淮河流域特大暴雨

2007年6月29日至7月26日，淮河流域出现了持续性强降水天气，区域平均降水量达465.6毫米。大暴雨造成位于安徽省阜南县境内的王家坝出现4次洪峰，超警时间累计达26天，先后启用10个行蓄（滞）洪区分洪。安徽、江苏、河南等省共有2922万人受灾，直接经济损失156.1亿元。

1.1.6 台湾特大暴雨

1967年10月17～19日，台湾省新寮受台风影响，出现中国气象水文观测中最大的暴雨。17日8时至18日8时，24小时最大降水量为1672毫米（3天总雨量2749毫米），仅低于印度洋中留尼汪岛赛路斯出现的1870毫米的日雨量记录（3天总雨量3240毫米）。

1.2 席卷大半个中国的滚滚寒流

2008年1月，中国发生了大范围的低温、雨雪、冰冻等自然灾害。1月12日，来自西北、东北方向的冷空气和来自西南方向的暖气流向中国南方大部地区和西北地区东部逼近，在第一场雪还没有完全融化之时，又形成第二次暴雪。18日开始，又一股强冷空气自西向东推进，形成了1月25日至2月2日间的第三次、第四次暴雪，第三次降雪是这次低温雨雪灾害天气的转折点。1月中旬开始的恶劣天气持续时间是新中国成立以来最长的一次。上海、浙江、江苏、安徽、江西、河南、湖北、湖南、广东、广西、重庆、四川、贵州、云南、陕西、甘肃、青海、宁夏、新疆等地均不同程度受地到影响。

低温、雨雪、冰冻造成多处铁路、公路、民航交通中断。湖南郴州南部古镇白石渡倒塌的电塔下方，是京广电气化铁路的输电接触网，10万伏的高压线搭在2.5万伏的铁路输电线上，铁路运输供电瞬间中断。气象灾害造成的铁路大拥

堵由此开始，这是新中国成立以来从未有过的。仅京广线上就有 136 列客车晚点，多班列车取消，近 10 万名旅客在长沙火车站滞留等候。1 月 26 日，广州火车站滞留旅客超过 10 万；27 日，达到 15 万，5 万多名旅客办理退票；28 日，已经逼近 60 万。1 月 30 日，整个广州地区的滞留旅客已经接近 80 万。2 月 3 日，广州火车站仍有近 100 万旅客等待出发。上海市停止长途班车售票，春运受阻。上海两大机场近千个航班延误，广州民航系统千余架次的航班被迫取消，中南、西南、华东部分机场间歇性关闭。贯通中国南北的大动脉京珠高速公路湖南路段路面被冰封盖，滞留在湖南路段的车辆高达 1 万辆，受阻车龙最长时达 90 千米，滞留人员上万。京广线、京九线以及 17 个受灾省份的高速公路也不同程度地中断或关闭。由于时逢春运，大量旅客滞留途中。

在寒冷及恶劣天气影响下，煤炭运输受阻，能源供应紧张，部分发电机组被迫停产，大量线塔因覆冰太厚，不堪重负而倒塌，电力受损，导致 17 个省不少地区用电中断，部分地区供电系统瘫痪。电信、通讯、供水、取暖均受到不同程度影响，某些重灾区甚至面临断粮危机。这次罕见的低温雨雪冰冻天气还使中国南方各省的农业、林业等蒙受巨大损失。江苏、浙江、安徽、江西、湖南、湖北、广东、广西、贵州等地农作物受灾面积 180 万平方千米，绝收 170 平方千米；森林受损面积 1733 平方千米；倒塌房屋 35.4 万间。由于冰层太厚，重量几十倍于树枝本身，负重太大，森林成片成片地倒下。融雪流入海中，对海洋生态造成浩劫，台湾海峡大量鱼群暴毙，183 种鱼类受害，沿岸鱼尸积如小丘，海底遍布鱼尸。受海水变冷的影响，广东省及香港的养鱼户养殖的鱼大量死亡。

1.3 暴雨引发的次生灾害——泥石流

2010 年 8 月 7 日 22 时左右，甘肃舟曲县城东北部山区突降特大暴雨，降雨量达 97 毫米，持续约 40 分钟。县城北面的罗家峪、三眼峪泥石流下泄，由北向南冲向县城，沿河房屋被冲毁。此外，泥石流还阻断白龙江形成堰塞湖。泥石流长约 5 千米，平均宽度 300 米，平均厚度 5 米，流经区域被夷为平地。

深夜突袭的特大山洪泥石流，造成甘肃省舟曲县大量房屋严重损坏，人员重大伤亡。毁坏房屋 307 户，5508 间。县城主街道泥石流堆积达两米，2/3 的区域被水淹没，街道浸泡在洪水中。灾害还导致甘肃省舟曲县超过 2/3 的区域供电全部中断，通信基站也受损严重，部分没有受损的基站供电中断，靠蓄电池供电传输信号。

8 月 11 日夜晚，舟曲境内普降大雨，再次引发山洪泥石流，45000 余立方米泥石流致使舟曲的生命线——两河口至舟曲公路南峪大滑坡，交通完全中断。白龙江水在梨坝子村的交汇地带形成一个新的堰塞湖，水位比平时高 3 米。

甘肃舟曲特大泥石流是大自然的报复。舟曲境内过去一直森林茂密，从 1952 年 8 月舟曲林业局成立到 1990 年，累计采伐森林 12.65 万亩，加上其他乱砍滥伐，全县森林面积迅速减少，许多地方的森林成为残败的次生林。由于森林遭受到掠夺性破坏，舟曲周围的山体几乎全变成了光秃秃的荒山，水土流失极为严重。

舟曲县城附近的地质构造岩性松软，风化严重。持续的干旱，造成城区周边岩石解体，部分山体、岩石裂缝，雨水进入缝隙后，导致山体滑坡、崩塌和泥石流，直接造成特大山洪地质灾害。

1.4 大气中的恶煞——风暴

1.4.1 北美黑风暴

1934 年 5 月 11 日凌晨，一场巨大的风暴席卷了美国东部与加拿大西部的广阔区域。从美国西部土地被破坏最严重的干旱地区刮起的狂风，卷着黄色的尘土，遮天蔽日，向东部横冲直撞，形成一个东西长 2400 千米、南北宽 1440 千米、高 3400 米迅速移动的巨大黑色风暴带，空气中含沙量达 40 吨每立方千米。风暴整整刮了 3 天 3 夜，掠过了美国 2/3 的大地，3 亿多吨土壤被卷走，风暴所经之处，溪水断流，水井干涸，田地龟裂，庄稼枯萎，牲畜渴死，千万人流离失所。这就是震惊世界的"北美黑风暴"事件，名列 20 世纪世界十大自然灾害的第一位。《纽约时报》当天在头版头条位置刊登了这次黑风暴的专题报道。

黑风暴是一种强沙尘暴，俗称"黑风"，大风扬起的沙子形成一堵沙墙，所经之处能见度几乎为零。它是强风、浓密度沙尘混合的灾害性天气现象，一般发生于春夏之交。黑风暴形成与大气环流、地貌形态和气候因素有关，更与人为的生态环境破坏密不可分，它是沙漠化加剧的恶果。

北美黑风暴是大自然对人类的一次历史性惩罚。由于美国拓荒时期对土地资源的不断开垦及对森林的不断砍伐，致使土壤风蚀严重，连续不断的干旱又为土地沙化火上浇油。广袤的沙化土地，虽不是风暴产生的直接根源，但却会因下垫面摩擦力变小对路经风暴推波助澜，而且还是把风暴染"黑"的祸首，因为正是它为黑风暴中"沙墙"的形成提供了源源不断的沙尘。

黑风暴的袭击，给美国的农牧业生产带来了严重的影响，使原已遭受旱灾的小麦大片枯萎而死，以致引起当时美国谷物市场的波动。此外，黑色风暴一路洗劫，将肥沃的土壤表层刮走，露出贫瘠的沙质土层，使受害之地的土壤结构发生变化，严重制约灾区日后农业生产的发展。

1.4.2 飓风卡特里娜袭击美国

2005 年 8 月 23 日，美国国家飓风中心发布预告，第 12 号热带低压已在巴哈马东南方海域上形成。这个编号曾一度引起争议。因为第 12 号热带低压的形成与 10 号热带低压的残余有关，而根据美国国家飓风中心的命名规则，一个低压系残余死灰复燃又新发展为低压系统时，两个一脉相承的低压应为同一个编号。事后分析显示，12 号热带低压并不是由 10 号热带低压残余重新发展而来，而是与另一个扰动合并后发展形成的，所以给一个新的编号是恰当的。

飓风卡特里娜袭击美国

8 月 24 日早上，第 12 号热带低压系统增强为热带风暴卡特里娜。25 日，持续增强为 2005 年大西洋飓风季第四个飓风，并于当天 18 时 30 分在佛罗里达州哈兰达海滩一带登陆，尔后穿越佛罗里达州南部后进入墨西哥湾。由于墨西哥湾海水温度超过 32℃，海面生有微弱的垂直风切变和良好的高空辐散，因此卡特里娜迅速增强为一个 5 级飓风，近中心最高持续风速为 278 千米/小时。29 日破晓，以 233 千米/小时的风速，再次在美国墨西哥湾沿岸新奥尔良外海岸登陆。登陆超过 12 小时后，减弱为强烈热带风暴，最终以 3 级飓风的强度登陆路易斯安那州，之后系统加速向东北移动。8 月 31 日，在俄亥俄州转化为温带气旋。

卡特里娜波及的范围几乎与英国国土面积相当，被认为是美国历史上造成损失最大的自然灾害之一。

5 级飓风卡特里娜给美国新奥尔良造成了严重破坏。8 月 28 日，在宣布路易斯安那州进入紧急状态一天后，美国总统布什又宣布密西西比州进入紧急状态。

美国政府要求新奥尔良市百万人撤离飓风可能抵达的地区。密西西比州哈瑞森县共有 80 人丧生，整个密西西比州的死亡人数至少为 218 人，路易斯安那州死亡 423 人，亚拉巴马州死亡 2 人，佛罗里达州死亡 14 人。密西西比州、路易斯安那州、亚拉巴马州和佛罗里达州至少有 230 万居民受到停电的影响，有些城市甚至 90% 的建筑物遭到了毁坏，此外还造成了大规模的通讯故障。8 月 30 日，由于投资者担心飓风会给美国经济带来巨大损失，纽约股市三大股指全线下挫。

墨西哥湾附近 1/3 以上油田被迫关闭，7 座炼油厂和一座美国重要原油出口设施也不得不暂时停工。8 月 29 日，纽约商品交易所原油价格开盘时每桶飙升 4.67 美元，每桶达 70.8 美元。8 月 31 日，布什政府同意动用战略石油储备，帮助被严重破坏的原油加工厂恢复生产。9 月 2 日，国际能源机构宣布，所有 26 个成员国一致同意每天将战略储备的 200 万桶原油投放市场，为期 30 天，以帮助解决因"卡特里娜"飓风而造成的市场紧张局面，纽约市场原油期货价格当天应声大幅下跌。

9 月 1 日，美国新奥尔良市出现了混乱局面，部分地区的抢劫之风越刮越猛，劫匪们公然大肆烧杀抢掠和强奸，并与警方发生枪战。300 名刚从伊拉克撤回的国民警卫队队员抵达新奥尔良市维护治安，并被授权随时开枪击毙暴徒。当地时间 9 月 2 日凌晨 4 时 35 分，新奥尔良的河岸边突然发生数次剧烈爆炸。9 月 3 日，布什下令要求 7000 名士兵在 72 小时内紧急赶赴美国南部墨西哥湾的受灾地区。9 月 4 日，受灾地区发生了武装团伙与警察之间的枪战，有 4 人死亡，局势仍相当混乱。新奥尔良市警察面临沉重压力，有两名警察自杀身亡，200 人交出了自己的警徽提出辞职。9 月 2 日，联合国儿童基金会发言人佩索纳兹在日内瓦说，灾区有 30 万～40 万儿童无家可归。

1.4.3　横扫缅甸的风暴

2008 年 5 月 2 日早晨，热带风暴纳尔吉斯在缅甸的海基岛附近登陆，最高时速超过 190 千米。3 日，缅甸政府当天宣布 5 个省邦为灾区。据官方统计，风灾遇难者近 8 万人，仍有 5 万多人失踪，250 万灾民处境十分艰难。

2008 年 4 月 27 日，缅甸气象与水文局开始发布"纳尔吉斯"强热带风暴预

纳尔古斯飓风过后的缅甸

告。5月1日，向全国媒体发送简报。2日，风暴登陆缅甸，但却没有按照惯常路径进入孟加拉国或缅甸西北部山区，而是向东急转，突袭缅甸中部地势低平的伊洛瓦底三角洲。由于伊洛瓦底三角洲地域广阔，地势低平，不利于减少风暴威力，因此风暴潮上岸之后依然势不可挡。伊洛瓦底沿海地区多为养虾场和稻田，缺少林木，这也助长了风暴威力。

1991年4月，热带风暴袭击孟加拉国，引发洪水泛滥，大约13.8万人死亡。为避免和减轻风暴造成的损失，孟加拉国抗灾专家阿提克·拉赫曼告诫说，事前将风暴袭击地的居民转移到别处，可非常有效地减少伤亡。

然而，另一些专家认为，考虑到缅甸受灾区域较大，涉及数以百万计的人口，再加上不少村庄地处偏远，信息、交通不畅，事前疏散、转移人口的难度非常大。兰德说，大规模转移人口说来容易，但具体操作起来很难，因为灾区民众无处可去，或因害怕失去财产而不愿离开家园。

印度一环保组织负责人苏尼塔·纳拉因说："尽管我们无法把具体灾害归咎于气候变化，但有足够科学研究表明，气候变化会加剧热带风暴。""纳尔吉斯'是一个征兆，"纳拉因说，"风暴受害者是气候变化的受害者，他们的遭遇提醒着这个富裕的世界：我们为减少温室气体排放所做的努力实在太少了。"

1.5 大气中的杀手——烟雾

1.5.1 伦敦烟雾事件

伦敦是有着两千多年历史的世界名城,既是英国政治、金融的中心,又是文化古都,在体育方面,还是户外运动、现代体育的主要发源地。1908 年 8 月 27 日至 10 月 29 日,第四届奥运会就在这里举行。

雾罩伦敦

1952 年 12 月 5~9 日,伦敦人怎么也没有想到,一场前所未有的浓雾,给他们带来一场触目惊心的灾难。浓雾期间,英吉利海峡被一层厚厚的冷空气堆所占据,其上又笼罩着一层暖空气。像锅盖一样难以穿透的逆温层,把被丘陵四面包围的伦敦城捂得严严实实。

初始阶段,笼罩伦敦的雾仅仅是天然的水滴雾。因时值冬季,气温急剧下降,居民家家户户烧煤取暖,于是伦敦市的大量工业烟中又加入了居民燃烧煤炭产生的烟尘,源源不断的烟尘添加到天然浓雾中来,使雾更浓,能见度更差。由于逆温层的存在,烟尘不能向四周和高空扩散,致使城市上空连续四五天烟雾弥漫,能见度低到几乎对面不能见人。在这种天气条件下,飞机航班被迫取消,汽车白天开着车灯，即使是行人，也只能沿着人行道摸索前行。

据统计，从 12 月 4~8 日，伦敦上空空气中所含烟尘量由 0.49 毫克/米³ 增加到 4.46 毫克每/米³，差不多增长了 10 倍。更糟糕的是，工业流程排放出来的化学物质二氧化硫十分活跃，与空气中的氧气发生化学反应而生成三氧化硫，三氧化硫溶于雾中水滴后，形成危害人体健康、威胁生命的"硫酸雾"。硫酸雾和粉尘被人吸入肺里以后，便黏附在肺细胞上，并逐渐沉积下来，进入血液，流遍全身。

大雾开始两天后，伦敦空气中二氧化硫的含量从七百万分之一增加到百万分之一；空气中的烟尘，在产生大雾的第二天夜里达到了顶峰。混浊的烟雾中，充斥着刺鼻的难闻气味。从第三天开始，大量伦敦人发生病患，直到烟雾消散后约一个月时间，发病（尤其是呼吸道疾病）人数仍有增无减。在烟雾影响下，一周内便死亡 4000 多人；12 月 8~9 日，每天死亡 900 人。在以后的 3 个月中，又有 8000 多人因受雾害而相继死去。雾发生时，伦敦正举办一场盛大的得奖牛展览活动，在展出的 350 头得奖牛中，1 头当场死亡，52 头严重中毒，其中 14 头奄奄待毙。这次灾难，成为 20 世纪工业国家的重大悲剧。严酷的现实，迫使发达工业国家不得不花费很大代价，对环境进行治理，对污染进行控制。

随着科技的发展、能源的改进，经过几十年的努力，伦敦不但把工厂迁离城区，而且全部实现了电气化；家庭生活取暖，也全用上了没有污染的电和管道煤气。大雾致灾的现象自然就成了伦敦历史上的陈年旧事。

1.5.2 洛杉矶光化学事件

洛杉矶位于美国西南海岸，三面环山一面临海，风景宜人，常年气候温暖，阳光明媚。得天独厚的地理位置，金矿、石油和运河的早期开发，使洛杉矶很快成了一座具有发达商业、旅游业的港口城市。

20 世纪 40 年代初，洛杉矶已拥有汽车 250 万辆，成为全球最现代化的大都市之一。汽车尾气中含有二氧化硫、一氧化碳以及氮氧化合物、碳氢化合物等气体。在强烈太阳紫外线的照射下，后两种气体会发生一系列的化学反应，生成一种由臭氧、醛类等组成的淡蓝色烟雾。这种烟雾的浓度只要达到千万分之几，就能强烈地刺激人的眼睛、气管和肺部，使人感到眼痛、头痛、呼吸困难，甚至晕倒。如果它同由二氧化硫引起的硫酸雾合并发生，毒性和危害就更大，不仅使空气透明度差，造成严重视程障碍，而且还易使人的咽喉、气管及肺部黏膜受损，使禽畜和庄稼生病，使橡胶制品老化，使建筑物和机器受腐蚀。

自从洛杉矶拥有了大量的汽车，每年的夏季至早秋，晴朗的日子里，洛杉矶总会出现浅蓝色的烟雾弥漫在天空，城市上空变得混浊不清。烟雾使人感到不适，眼睛发红，咽喉疼痛，呼吸困难。1943 年以后，烟雾更加肆虐，甚至致人死亡，远离城市 100 千米以外，海拔 2000 米的高山上大片松林枯死，柑橘减产，造成了严重的经济损失。

1955 年 9 月，洛杉矶发生了严重的光化学烟雾事件。偏高的气温，汽车尾气排放使洛杉矶的光化学烟雾更加浓密，达到了千万分之六点五。严重的烟雾污染，两天之内就有 400 多名 65 岁以上的老人死亡，还有约 75% 以上的市民患上了红眼病，市郊的蔬菜全部由绿变褐，水果和农作物大量减产，大批树木发黄落叶，几万公顷的森林有 1/4 以上干枯死亡。

1.5.3　马斯河谷烟雾事件

1930 年 12 月 1 ~ 5 日，发生在比利时马斯河谷工业区的烟雾事件，是世界上有名的公害之一，也是 20 世纪最早记录下的大气污染惨案。

在比利时境内沿马斯河 24 千米长的一段河谷地带，即马斯峡谷的列日镇和于伊镇之间，两侧山高约 90 米，许多重型工厂（包括炼焦、炼钢、电力、玻璃、炼锌、硫酸、化肥等工厂，还有石灰窑炉）分布在河谷上。

事件发生时，正值隆冬，且在马斯河谷上空出现了很强的逆温层。逆温层的存在，影响空气乱流和对流，致使工厂排出的有害气体和煤烟粉尘不能向外和向上扩散，而是在地面上大量堆积，导致二氧化硫的浓度高得惊人。

事件发生后第 3 天，河谷地段的居民有几千人呼吸道发病，其症状无不是流泪、喉痛、声嘶、咳嗽、呼吸短促、胸口窒闷、恶心、呕吐，其中有 63 人死亡。尸体解剖结果证实：刺激性化学物质损害呼吸道内壁是致死的原因。

据费克特博士在 1931 年对这一事件所写的报告，推测大气中二氧化硫的浓

度为 25~100 毫克/米³。空气中存在的氧化氮和金属氧化物微粒等污染物，会加速二氧化硫向三氧化硫转化，加剧对人体的刺激作用。而且一般认为，具有生理惰性的烟雾把刺激性气体带进人体肺部，也起了一定的致病作用。

值得注意的是，马斯河谷事件发生后的第二年即有人指出："如果这一现象在伦敦发生，伦敦公务局可能要对 3200 人的突然死亡负责。"这话不幸被言中，22 年后，伦敦果然发生了 4000 人死亡的严重烟雾事件，这也说明造成烟雾事件的某些因素是具有共性的。

1.5.4 多诺拉烟雾事件

多诺拉是美国宾夕法尼亚州的一个小镇，位于匹兹堡市南边 30 千米处，有居民 1.4 万多人。多诺拉镇坐落在一个马蹄形河湾内侧，两边高约 120 米的山丘把小镇夹在山谷中。

多诺拉镇是硫酸厂、钢铁厂、炼锌厂的集中地。多年来，这些工厂的烟囱不断向空中喷烟吐雾，以致多诺拉镇的居民们对空气中的怪味都习以为常了。

1948 年 10 月 26 日一大早，烟雾便弥漫了多诺拉小镇，使平时就雾气蒙蒙的街道和建筑看上去格外昏暗。空气潮湿寒冷，天空阴云密布，一丝风都没有，大气中出现了逆温现象。在这种静风状态下，工厂的烟囱却没有停止排放，就像要冲破凝固的大气层一样，不停地喷吐着烟雾。

两天过去了，天气没有转好的迹象，而大气中的烟雾却越来越厚重，工厂排出的大量烟雾，在空气中散发着刺鼻的气味，令人作呕。

终于，大雾变得越来越浓了，除了烟雾外什么也看不见。灾难发生了，仅有1.4万人口的多诺拉镇，就有6000多人突然发病，症状大都为眼痛、咽喉痛、流鼻涕、咳嗽、头痛、四肢乏倦、胸闷、呕吐和腹泻。20多人没能挺得住，抱恨离开了这个世界。

这次的烟雾事件，是小镇上工厂排放的含有二氧化硫等有毒有害物质的气体及金属微粒，在大气逆温层的影响下聚集在山谷中久久不散所致。

多诺拉烟雾事件和1930年12月的比利时马斯河谷烟雾事件、1952年12月伦敦烟雾事件及1959年墨西哥波萨里卡事件一样，都是由工业排放烟雾造成的大气污染公害事件。

大气中的污染物主要来自煤、石油等燃料的燃烧，以及汽车等交通工具在行驶中排放的有害物质。全世界每年排入大气的有害气体总量为5.6亿吨，其中一氧化碳（CO）2.7亿吨，二氧化碳（CO_2）1.46亿吨，碳氢化合物（CH）0.88亿吨，二氧化氮（NO_2）0.53亿吨。美国每年因大气污染死亡人数达5.3万多人，其中仅纽约市就有1万多人。

气象灾害的发生不可避免。气象灾害危及人类，人类活动又影响气象灾害的发生频率和危害程度。气象灾害是天气因素和人类活动共同作用的结果。人类对森林的滥砍乱伐，对草原的过度放牧和无计划的开垦，使自然植被受到严重摧残。植被被破坏的直接后果是土地涵养水源能力下降、降水有效性降低，从而增大干旱、洪涝、沙尘暴、泥石流和滑坡等气象灾害的发生频率。20世纪60年代苏联和美国大规模地开垦草原，引发了黑色风暴。工业生产向大气中排放的二氧化硫等大量有害物质，形成了危害工农业生产和人类安全的酸雨和酸雾；向大气中排放的大量温室气体，促进了全球气候变暖的步伐，导致气象灾害频发。在遭到大自然的一次次报复之后，人类已逐渐认识到自身活动对气象灾害的影响。保护生态环境，保护大气环境，减轻气象灾害的发生频率及危害程度，正在成为世界各国的共识和人类的自觉行动。

2 揭开地球大气的神秘面纱

茫茫宇宙之中有一个银河系。在银河系的偏外沿位置，一颗恒星带着 8 颗行星。行星在不停地绕着恒星旋转运动，这就是太阳系。自恒星太阳向外数，第三颗蓝色星体就是地球，地球还带领着一颗卫星在运转。

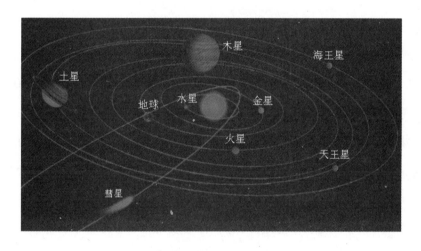

太阳系里的八大行星

地球由内部和外部两大部分组成。其中，内部可划分为固体内核圈、外核液体圈、地幔圈和软流圈 4 个基本圈层；外部可划分为岩石圈、水圈、冰雪圈、生物圈和大气圈 5 个基本圈层，大气圈是地球最外部的气体圈层，它包围着陆地和海洋。1974 年，世界气象组织和国际科学联盟理事会联合召开的国际讨论会，提出气候系统的概念，气候系统包括地球外部的大气圈、水圈、冰雪圈、岩石圈（陆地表面）和生物圈。

生物圈指的是陆地上和海洋中的植物以及生存在大气、海洋和陆地的动物。岩石圈是地球上部相对于软流圈而言的坚硬的岩石圈层，厚 60～120 千米。冰雪圈包括大陆冰原、高山冰川、海冰和地面雪被等，目前全球陆地约有 10.6% 被冰

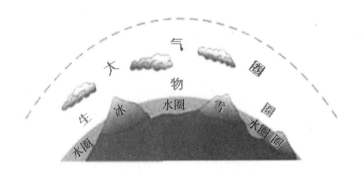

大气圈、水圈、冰雪圈、岩石圈（陆地表面）和生物圈示意图

雪所覆盖。水圈是地球表层水体的总称，包括海洋、湖泊、江河、地下水和地表上一切液态水。

大气圈没有确切的上界，现代探测表明，在3000～20000千米的高空仍有稀薄的气体和基本粒子的存在。地球大气圈气体的总质量为 5.136×10^{18} 千克，约合5140万亿吨。由于地心引力作用，99.999%的气体都集中在离地面100千米的高度范围内，其中75%的气体又集中在地面至10千米高度的范围内。

地球绕着太阳在不停地自转和公转，接收着来自太阳的热量。正是由于有了大气圈，白天它阻挡了来自太阳强烈的短波辐射，并吸收对地球有害的紫外线辐射，保护地球免受太阳全部光线的暴晒及紫外线的伤害；夜间它又阻挡了地球表面的长波辐射，防止地表热量完全扩散到宇宙空间，从而为地球上的人类和一切生物创造了比较适宜的生存环境。因此，有人形象地把地球大气层比喻为地球的"外衣"。

人类生活在大气层的底部，历经着冷暖阴晴和风霜雨雪。大气的状态和变化，时时处处影响着人类的活动和生存。

2.1 地球大气的形成

地球从诞生到现在，已经历了几十亿年巨大的沧桑变化，地球早期的大气与我们现在呼吸的大气完全不同。地球大气的形成和演化过程是与地球的形成和演化过程紧密联系在一起的，同时也是与组成地球外部的其他几个圈之间相互制约、互为因果关系的。目前，科学界比较认可的地球大气的形成和演化过程大致历经三个阶段，即原始大气、次生大气和今日大气阶段。

地球大气

　　原始大气是伴随着地球的诞生而形成的。根据目前天文学界最流行的太阳系起源的星云说观点，太阳系的行星来源于围绕在太阳周围的原始星云，地球是在大约46亿年前凝结而成的。法国天文学家拉普拉斯曾说："星云开始凝聚时，地球周围就已经包围了大量的气体。"原始大气主要是由氢和氦组成，还有一些甲烷和氨等气体。由于初期地球的地核内部铁核心尚未形成，引力较小，而炽热的地表又使这些气体获得较高的能量，因而原始大气不久就从地球上逃逸消失。

　　过了几千万年，由于温度的下降，地球的表面发生冷凝现象，形成了比较薄弱的固体地壳。此时，地球内部的高温促使火山频繁活动，火山爆发时所形成的挥发气体以及熔岩和蒸汽孔喷发出的气体代替了原始大气，成为次生大气。次生大气的主要成分是水汽、二氧化碳和氮气等气体。由于此时地核内部的铁核心已经形成，因而次生大气与地球的固体物质之间互相吸引、相互依存，成为第二代大气。

　　大约距今30亿年前，地球上还无氧气。随着时间的推移，次生大气中丰富的水汽逐渐转变成云雨，进而形成地球上的江河湖海。与此同时，大气层中由闪电的放电生成的有机物被雨水冲淋到原始海洋中，并保存下来。又经历了大约

10亿年的演化，一种叫蓝藻的不显眼的低等植物，开始吸收由太阳光和大气中二氧化碳加工形成的碳水化合物，并吐出氧气，这就是最原始的光合作用。蓝藻的这种光合作用，一方面使大气中的氧气慢慢多起来，另一方面也使高空中臭氧的浓度明显增加，最终形成了臭氧层。臭氧层吸收了太阳光中大量的紫外线，促使植物从海水中爬上陆地，并在比较温暖和湿润的气候中尽情地生长、繁殖、演变和进化，地球最终变成了生命的伊甸园。

早在20多亿年前，今日大气就随着植物的登陆形成了。但在过去很长的一段时间里，人们认为大气的成分是比较简单的。直到17世纪以后，许多科学家通过大量的科学实验和研究后才发现，今日大气是由干洁空气和水汽以及杂质微粒组成的混合体。

2.2　大气家族中的重要成员

大气是由干洁空气和水汽以及杂质微粒组成的混合体。干洁空气是指除去水汽和微粒杂质后的纯净大气，由多种气体混合组成，其中，氮气和氧气容积含量分别为78%和21%，氩气、二氧化碳、氖气、氦气、氪气、氙气、臭氧等所占空气体积极其微小。

在大气家族中，氧气是人类生命须臾不能离开的必需气体，臭氧也是人类的好朋友，而二氧化碳、水汽、杂质等成员则在天气变化的舞台上扮演着重要的角色。

2.2.1　臭氧——地球生命的保护神

人类真正认识臭氧是在150多年前，由德国化学家先贝因博士首次提出。水电解及火花放电中产生的臭味，同自然界闪电后产生的气味相同，因这种气味难闻，被先贝因博士命名为臭氧。顾名思义，臭氧带有臭味。

大气中的臭氧集中分布在距地面20~50千米的高空，这就是所谓的臭氧层。臭氧层中有3种氧的同素异形体参与循环：氧原子（O）、氧气分子（O_2）和臭氧（O_3）。氧气分子在吸收波长小于240微米的紫外线后，被光解成两个氧原子，每个氧原子会和氧气分子重新组合成臭氧分子。臭氧分子吸收波长为310~200微米的紫外线后，又会分解为一个氧气分子和一个氧原子，最终氧原子和臭氧分子结合形成两个氧气分子。

地球上的一切生物离开太阳光就没有生命。太阳光由可见光、紫外线、红外线3部分组成。进入大气层的太阳光（包括紫外线）有55%可穿过大气层照射到大地与海洋，其中40%为可见光（是绿色植物光合作用的动力），5%是波长100~400纳米的紫外线。紫外线又分为长波、中波、短波紫外线。长波紫外线能够杀菌；波长为200~315纳米的中、短波紫外线对人体和生物有害。

过量的紫外线会使人和动物免疫力下降，最明显的表现是皮肤癌的发病率增高，甚至使动物和人眼睛失明。植物和微生物会因为承受不了紫外线的强烈照射而死亡，海洋中首当其冲的是浮游生物。由于海洋中的浮游生物可以大量吸收温室气体，因此浮游生物的死亡又会产生连锁反应，使海洋中的其他生物相继死亡，并最终影响人类的活动。

所幸的是，当紫外线穿过平流层时，绝大部分被臭氧层吸收，因此臭氧层就成为地球的一道天然屏障，犹如给地球戴上一副无形的"太阳防护镜"，使地球上的生命免遭强烈的紫外线伤害。

20世纪70年代，英国科学家通过观测首先发现，在地球南极上空的大气层中，臭氧的含量开始逐渐减少，尤其在每年的9~10月（南半球的春季）减少更为明显。美国的"云雨7号"卫星进一步探测表明，臭氧减少的区域位于南极上空，呈椭圆形，1985年已和美国整个国土面积相当。这就好像天空塌陷了一块似的，科学家把这个现象称为南极臭氧洞。南极臭氧洞的发现使人们深感不安，它表明包围在地球外的臭氧层已经处于危机之中。于是科学家在南极设立了研究中心，进一步研究臭氧层的破坏情况。1989年，科学家又赴北极进行考察研究，结果发现，北极上空的臭氧层也已遭到严重破坏，但程度比南极要轻一些。据世界气象组织的报告：1994年发现北极地区上空平流层中的臭氧含量也在减少，在某些月份比20世纪60年代减少了25%~30%。而南极上空臭氧层的空洞面积还在扩大，1998年9月已扩达到2500万平方千米，2008年9月已达2700万平方千米。

若臭氧层全部遭到破坏，太阳紫外线就会杀死所有陆地生命，人类也会遭到灭顶之灾，地球将会成为无任何生命的不毛之地。

南极臭氧洞的发现，引起了国际社会的高度重视。

1977年，联合国环境规划署理事会在美国华盛顿哥伦比亚特区召开了有32个国家参加的"评价整个臭氧层"国际会议。会议通过了第一个"关于臭氧层行动的世界计划"，并要求联合国环境规划署建立一个臭氧层问题协调委员会。

1980年，臭氧层协调委员会提出了臭氧耗损严重威胁着人类和地球的生态系统这一评价结论。

1981年，联合国环境规划署理事会建立了保护臭氧层的全球性公约起草小组，并于1985年4月在奥地利首都维也纳通过了有关保护臭氧层的国际公约——《保护臭氧层维也纳公约》。

1987年9月16日，在加拿大的蒙特利尔会议上，通过了《关于消耗臭氧层物质的蒙特利尔议定书》（以下简称《议定书》）。《议定书》规定，参与条约的每个成员组织，将冻结并依照缩减时间表来减少5种氟利昂的生产和消耗，冻结并减少3种溴化物的生产和消耗。

1989年，联合国环境规划署连续召开了保护臭氧层伦敦会议与"公约"和《议定书》缔约国第一次会议——赫尔辛基会议，并于1989年5月2日发布了《保护臭氧层赫尔辛基宣言》。

1995年1月23日，联合国大会通过决议，确定从1995年开始，每年的9月16日为国际保护臭氧层日。国际保护臭氧层日的确定，进一步表明了国际社会对臭氧层耗损问题的关注和对保护臭氧层的共识。

为加强对保护臭氧层工作的领导，中国成立了由国家环保部等18个部委组成的国家保护臭氧层领导小组。在领导小组的组织协调下，编制了《中国消耗臭氧层物质逐步淘汰国家方案》，并于1993年得到国务院的批准，成为中国开展保护臭氧层工作的指导性文件。在此基础上，又制定了化工、家用制冷等8个行业的淘汰战略。此外，还开展了保护臭氧层的宣传、国际合作和科研等方面的活动，提高了广大人民群众保护臭氧层的意识，并积极参与到这项保护地球环境的行动中。

随着国际社会的共同努力，大气中消耗臭氧层物质增长速度已经逐渐减慢，大气中甲基溴的含量也已经减少。但是臭氧层是脆弱的，保护工作任重道远，仍需国际社会长期不懈地努力和国际大家庭的共同参与。

2.2.2　二氧化碳——功过正被评说

二氧化碳是空气中常见的化合物，常温下是一种无色无味气体，密度比空气略大，能溶于水，与水反应生成碳酸。固态二氧化碳俗称干冰。二氧化碳是一种温室气体，可产生温室效应。

温室气体指的是大气中能让太阳辐射通过且吸收地面辐射并向地面发射辐射的一些气体。这些气体的功用和温室玻璃有着异曲同工之妙，都是只允许太阳光进，而不允许其影响区域内的热量向外流失，从而产生保暖、升温作用。大气中温室气体产生的使地球变得更暖的作用称为"温室效应"。

1820 年之前，没有人问过地球是如何获取热量的这一问题。正是在那一年，让·巴普蒂斯·约瑟夫·傅立叶（Jean Baptiste Joseph Fourier，法国著名数学家、物理学家）将大部分时间用于对热传递的研究。他得出的结论是：尽管地球确实将大量的热量通过辐射返还回太空，但大气层还是拦下了地球辐射中的一部分，并将拦截的这部分辐射通过自身辐射重新返还地球表面。他将大气比作一个顶端由云和气体构成的能够为地球保留足够热量的巨大钟形容器。他的论文《地球及其表层空间温度概述》发表于 1824 年，但当时这篇论文没有被看成是他的最佳之作，直到 19 世纪末才被人们重新记起。

并不是地球大气中所有气体成分都参与了对地球辐射的拦截并通过自身辐射为地球保暖的，其中大部分只是袖手旁观者，只有水汽、二氧化碳等才是有功之臣，因此它们才是大气中名副其实的温室气体。

水汽虽是大气中最主要的温室气体，但与二氧化碳不同，水汽可以凝结成水或凝华成冰，因此大气中的水汽含量基本稳定，不会出现像其他温室气体那样的累积现象。而二氧化碳浓度却有逐年增加的趋势。20 世纪 50 年代其相对分子质量年平均值约 315ppm，70 年代初已增加至 325ppm，至 2000 年已超过 345ppm，平均每年增加 1.0~1.2ppm，或每年约以 0.3% 的速度增长。综合多数测定结果，在工业革命以前的二氧化碳质量为 275ppm。大气中二氧化碳浓度增加的主要原因是工业化以后大量开采使用矿物燃料。1860 年以来，由燃烧矿物质燃料排放的二氧化碳，平均每年增长率为 4.22%，而 1970~2000 年各种燃料的总排放量每年达到 50 亿吨左右。大气中二氧化碳增加的另一个主要原因是采伐树木作燃料。森林原是大气碳循环中的一个主要的"库"，1 平方米面积的森林通过光合作用可以吸收 1~2 千克的二氧化碳。砍伐森林则把原本是二氧化碳的"库"变成又一个向大气排放二氧化碳的"源"。据世界粮农组织（FAO）估计，20 世纪 70 年代末期每年约采伐木材 24 亿立方米，其中约有一半作为燃柴烧掉，由此造成的二氧化碳质量增加量每年可达 0.4ppm 左右。如果按这一二氧化碳等温室气体浓度的增加幅度，到 21 世纪 30 年代，二氧化碳和其他温室气体增加的总效应将相当于工业化前二氧化碳浓度加倍的水平，可引起全球气温上升 1.5~4.5℃，超过人类历史上发生过的升温幅度。由于气温升高，两极冰盖可能缩小，融化的雪水可使海平面上升 20~140 厘米，对海岸城市会有严重的直接影响。

大气中的二氧化碳是植物光合作用合成碳水化合物的原料，它的增加可以增加光合产物，无疑对农业生产有利。同时，它又是温室气体，对地球热量平衡有重要影响，因此它的增加又影响气候变化。科学家们几乎不约而同地认为，大气中温室气体（主要是二氧化碳）的增加，是 20 世纪中后期以来全球气候变暖的直接原因。因此，限制二氧化碳等温室气体的排放，防止气候剧烈变化造成对人类的伤害，不仅是科学家们的呼声，也是世界各国的共识。

1997 年 12 月，在日本京都由联合国气候变化框架公约参加国三次会议上，制定了《京都议定书》，又译为《京都协议书》《京都条约》，全称《联合国气候变化框架公约的京都议定书》，是《联合国气候变化框架公约》的补充条款，其目标是"将大气中的温室气体含量稳定在一个适当的水平，进而防止剧烈的气候改变对人类造成伤害"。

2.2.3 水汽——致冷、致暖、致云、致雨的魔术师

水汽在大气中的含量很小，所占体积百分比在 0%~4% 之间变化。大气中的水汽来源于下垫面，包括水面、潮湿物体表面以及植物叶面的蒸发。水汽在大

气中的含量尽管很小，但它却是天气变化的重要角色。

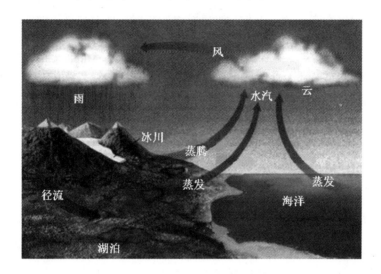

水汽——致冷、致暖、致云、致雨的魔术师

水汽的致暖作用，并不仅仅因为它是温室气体，还在于它在相态变化中产生的潜热。灌水之所以能预防霜冻，一是因为近地层水汽含量增大可增强温室效应；二是因为一旦降温，富含水汽的近地面层可形成露或雾，而水汽在凝结成露珠和雾滴过程中可释放潜热。温室效应及释放潜热的双重增温作用，可阻止地面继续降温。

水汽的相态变化也同样有致冷作用。夏季，同一地区的（河、湖）水面温度低于地面温度，除水体以对流方式传热及热容量大外，还有水面蒸发吸热过程的贡献。酷热的夏季，一场雨会带来凉爽的感觉，同样应感谢雨水在蒸发过程中的吸热功能。

水汽和水并无本质的区别，只不过一个是气态，一个是液态。水汽是大气中唯一能发生相态变化的成分。正是这种相态的变化，才形成了露、霜、云雾、雨雪等五彩缤纷的大气现象。

2.2.4 杂质——成云致雨的催化剂

悬浮在大气中的固体杂质主要有烟粒、尘埃、盐粒及细菌、微生物、植物的孢子与花粉等，它们的半径一般为 10 微米，多集中于低层大气中。烟粒主要来源于生产、生活方面的燃烧；尘埃主要来自经风的吹扬进入大气的地表松散微粒，以及火山爆发产生的火山灰、流星燃烧的灰烬；盐粒则是由海洋波浪飞溅进入大气的水滴被蒸发后形成的。

大气中的固体杂质，能吸收部分太阳辐射，提高大气温度；白天能削弱太阳到达地面的辐射，影响地面温度升高；夜间能阻挡地面长波辐射，影响地面温度降低。

大气中的固体杂质，可降低大气透明度，直接影响大气的能见度。霾和沙尘天气，均是固体杂质在作怪。

固体杂质还能充当水汽凝结的核心，加速大气中成云致雨的过程。试验结果表明，在不含固体杂质的空气中，水汽含量达到过饱和时，仍无水汽凝结现象发生。一旦有固体杂质介入，空气湿度为100%（空气中水汽含量达到饱和）甚至小于100%时，就有水汽在固体杂质上发生凝结。大气中一些吸湿性杂质吸附水汽溶解后形成溶液，溶液表面饱和水汽压小于同温度时的水面饱和水汽压，即便空气湿度小于100%（对水面不饱和，但对潮湿的固体杂质来说已经饱和甚至过饱和），水汽也能在杂质上发生凝结。因此，大气中的固体杂质，催化了水汽凝结现象的发生。

2.3　大气的垂直结构

现代探测表明，地球大气圈没有确切的上界，在3000～20000千米的高空仍有稀薄的气体和基本粒子存在。如果把大气圈比作一座高楼大厦，则按其成分、温度、密度和稳定度等物理性质在垂直方向上的变化特征，自下而上可分为5层：对流层、平流层、中间层、热层和散逸层。

对流层是大气圈最低的一层，该层大气紧贴地球表面。由于地面附近的空气因受热不均容易产生对流运动，所以把这层叫作对流层。由于对流的强弱程度随纬度和季节不同而不同，因此对流层的上界也随纬度和季节变化而变化。观测表明，低纬度地区其上界为17～18千米，中纬度地区其上界为10～12千米，高纬度地区其上界仅为8～9千米。夏季对流层厚度大于冬季。同大气层的总厚度相

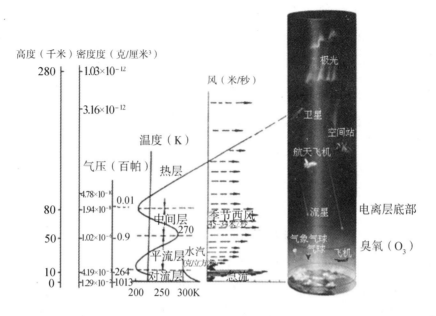

大气的垂直结构示意图

比，对流层是非常薄的，不及整个大气层厚度的1%，但却集中了整个大气质量的3/4和几乎全部的水汽，云雨、电闪等主要天气现象均发生在这一层，也是对人类活动影响最大的一层。由于对流层内的大气主要是从地面得到热量，因此一般情况下气温随高度增加而降低，平均每升高100米，气温下降0.65℃。由于对流层物理属性与地表物理属性息息相关，因此地表面的海陆分布和地形起伏等差异，决定了对流层中温度、湿度等气象要素的水平分布不均匀。

从对流层的顶部到55千米左右的这一层为平流层。在平流层下部，气温随高度升高保持不变或微有上升，大约到30千米以上后气温随高度升高而显著升高，即出现逆温。平流层的这种气温垂直分布特征，是平流层内存在的大量臭氧吸收太阳紫外辐射所致。正是这种气温的垂直分布（等温和逆温层），使空气可以平流（水平运动），却很难对流（垂直运动），因此称其为平流层。平流层气流平稳，民航飞机、热气球就在平流层下部飞行，气象探空气球也能达到平流层下部，流星、流星雨多能划入平流层上部和中部。由于平流层中水汽、尘埃含量极少，几乎见不到发生在对流层中的天气现象，因此大多数时间天气晴朗，大气透明度好。对流层中发展旺盛的积雨云顶部，有时可以伸展到平流层的下部。

自平流层顶部到 85 千米左右的这一层为中间层。由于中间层内几乎没有臭氧，来自太阳辐射的大量紫外线在该层畅通无阻，而氮、氧能吸收的短波辐射又大部分被上层大气所吸收，所以这层气温随高度的增加而迅速下降，在顶部可降到 -90℃左右。由于该层大气上部冷、下部暖，致使空气产生对流运动，故中间层又称为高空对流层。因该层空气稀薄，空气的对流运动远不能与对流层相比。中间层内水汽极少，几乎没有云层出现，仅在高纬度地区夏季的夜晚偶尔能看到一种很薄呈银白色的夜光云。

从中间层顶至 250 千米（太阳宁静期）或 500 千米左右（太阳活动期）的这一层为热层，又称暖层。在热层中，由于氮原子和氧原子吸收了大量的太阳紫外辐射，因而气温随高度增加而迅速升高，在 300 千米左右高度处的气温可高达 1000℃以上。这一层空气密度很小，在 270 千米高度，空气密度约为地面空气密度的百亿分之一。由于空气密度小，在太阳紫外线和宇宙射线的作用下，氧分子和部分氮分子被分解，并处于高度电离状态，产生带电离子和自由电子，从而形成电流和磁场，并可反射无线电波，因此该层也称为电离层。正是由于有了电离层的存在，无线电波才可以传得很远。低轨人造卫星、太空实验室、航天飞机、火箭等均在这一层中运行。极地附近的热层中，夜晚还可观测到一种大气光学现象——极光。

热层顶以上的大气层统称为散逸层。它是大气的外层，也是大气的最高层，最高高度可达到 3000 千米。由于该层气温高，空气十分稀薄，且这里远离地面，受地球引力场的作用小，以致于一些高速运动的气体分子可以挣脱地球的引力和其他气体分子的阻力，散逸到宇宙空间。同步人造卫星在这一层运行，登月飞船、前往太空深处的宇宙飞船等，也要经过这一层，极光也出现在这一层。

宇宙火箭的探测资料表明，地球大气圈之外，还有一层极其稀薄的电离气体，其高度可延伸到 2.2 万千米的高空，称之为地冕。地冕也就是地球大气圈向宇宙空间的过渡区域，人们形象地把它比作是地球的"帽子"。由此可见，大气层与星际空间是逐渐过渡的，并没有截然的界限。

万物生长靠太阳，地球上的一切生物离开太阳光就没有生命。大气圈与地球生命息息相关。白天，太阳短波辐射除被大气中云层反射，杂质、臭氧等物质吸收，以及大气分子散射外，有55%的太阳光可穿过大气层照射到大地与海洋，其中40%为可见光，是绿色植物光合作用的动力；此外，平流层中的臭氧，可吸收对人体和生物有害的太阳辐射中的紫外线，使地球生物免受紫外线的伤害。夜间，大气中的水汽、二氧化碳、固态和液态杂质等又可拦截地面辐射，防止地表热量完全扩散到宇宙空间，从而为地球上的人类和一切生物创造了比较适宜的生存环境。因此，有人形象地把地球大气层比喻为地球的"外衣"。

20世纪70年代，科学家发现了南极臭氧洞。1989年，科学家又发现北极上空的臭氧层也已遭到严重破坏。若臭氧层全部遭到破坏，太阳紫外线就会杀死所有陆地生命，人类也会遭到灭顶之灾，地球将会成为无任何生命的不毛之地。为保护臭氧层，在1987年9月16日加拿大的蒙特利尔会议上，通过了《关于消耗臭氧层物质的蒙特利尔议定书》，规定参与条约的每个成员组织，将冻结并依照缩减时间表来减少氟利昂的生产和消耗，冻结并减少3种溴化物的生产和消耗。1995年1月23日，联合国大会通过决议，确定从1995年开始，每年的9月16日为国际保护臭氧层日。

地球整体升温会造成多样化的气候，多样化的气候影响会造成人类生存条件的恶化，而最贫穷的国家最先受到冲击。当温度升高到某一临界值时，地球生态系统中不可逆转的事件会发生，或者开始发生，并引起气候系统或者人类世界中重大的、持久的改变，而这些问题的后果是无法用今天的知识推测到的。农业的退化、洪水、更多的森林火灾、粮食供给问题、饥荒、淡水短缺、贫困加剧、健康恶化、新疾病、人类被迫迁移、更多的难民、国家内部和国家之间的武装冲突、物质损失、国家层面的经济和政治危机等，温室效应带给人类的风险将会接踵而至。

20世纪中后期以来，全球气候出现变暖的趋势。科学家们几乎不约而同地认为，大气中温室气体（主要是二氧化碳）的增加，是20世纪中后期以来全球气候变暖的直接原因。因此，限制二氧化碳等温室气体的排放，防止气候剧烈变化造成对人类的伤害，不仅是科学家们的呼声，也是世界各国的共识。

3 大气的运动

在大气的舞台上，每天都在上演着激动人心的一幕一幕，好像演奏着不同的"交响乐"。有的地方蓝天白云，晴空万里，有的地方却乌云翻滚，电闪雷鸣；有的地方久旱无雨，天干地裂，有的地方却阴雨绵绵，暴雨如注；有的地方热浪滚滚，酷暑难耐，有的地方却满天飞雪，银装素裹。而这一切的原因都是由于大气运动所造成的。大气是一种连续性流体，天性爱动，总在不停地运动着，而且运动的形式和规模复杂多样。

大气的运动既有水平方向上的，也有垂直方向上的，既有规模很大的全球性运动，也有尺度很小的局地性运动。大气在水平方向的运动，就是我们看得到也听得到的风；大气在垂直方向上的运动有系统性垂直运动、对流、波动和乱流4种形式。规模很大和很小的大气运动，形成了各种天气系统。

大气运动的能量和原动力主要来自太阳，大气的运动使不同地区、不同高度间的热量和水分得以传输和交换，使不同性质的空气得以相互作用，从而直接影响天气的形成和演变。

3.1 大气的水平运动

3.1.1 风的驱动者

地球是球形的，地球表面所受太阳辐射随纬度变化而有所不同，因此永远会有南北方向的温度差异，而南北的温度差异会引起气压的水平变化，产生了从高压到低压的气压梯度力，也就引起空气的水平流动。可见太阳辐射分布不均匀是大气产生大规模水平运动的根本原因，大气在高低纬度间热量收支不平衡，所产生的水平气压梯度力，则是维持大气水平运动的直接原动力。

正像水往低处流一样，大气也是由高压向低压流动的。驱使大气由高压向低压流动的力，称水平气压梯度力。然而，在气压梯度力的作用下，大气并不能随心所欲地径直由高压向低压运动，它一起步，就遭遇其他力的干扰。首先，是下垫面的摩擦力。摩擦力和运动方向相反，企图阻止大气的前进步伐，即便不能完全阻止，也会使大气放慢前进步伐。其次，是地转偏向力。地转偏向力始终和大气运动方向垂直，虽不能改变大气运动速度，但却能改变大气运动方向。地转偏向力并不是真实的力，而是惯性力，和研究空气运动时所选地球这个参照系有关，也和运动物体的惯性有关。

摩擦力不难理解，有关地转偏向力请看《缤纷气候》中的内容。大尺度空气运动必须考虑地转偏向力，而中小尺度空气运动方向偏转不明显，通常不考虑地转偏向力的影响。

气压梯度力是唯一驱动大气运动的原动力，只有在空气开始运动时，其他两个力才接踵而至。因此，只要大气中气压水平分布不均匀，就存在由高压指向低压的气压梯度力，大气就不可能平静，必然产生大气的水平运动——风。

在摩擦层（又称边界层，地面至 1.5~2.0 千米高度）中，受气压梯度力、摩擦力、地转偏向力的共同作用，风向斜穿等压线（背风立，北半球高压在风向右后部、低压在左前部）。在摩擦层以上的对流层自由大气（因不受地面摩擦影响而得名）中，在气压梯度力和地转偏向力的作用下，风向和等压线平行，即风沿等压线走向吹（北半球高压在风向右侧、低压在左侧）。

出现在文人骚客笔下的风，形形色色，既有"一树春风千万枝""吹面不寒杨柳风""春风又绿江南岸""春风何处不花开"，又有"一风三日吹倒山""轮台九月夜风吼，一川碎石大如斗，随风满地石乱走"。前者为瑞风，后者为凶风。大气中有许多致灾致命的凶风。

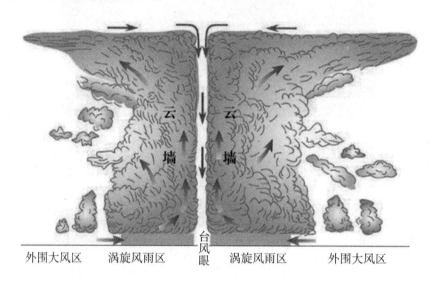

台风剖面示意图

3.1.2 兴风作浪的台风

台风是由热带海洋生成的低压（或气旋）发展而来。热带气旋中心附近风力6~7级为热带低压，8~9级为热带风暴，10~11级为强热带风暴，12~13级（32.7~41.4米/秒）为台风，14~15级（41.5~50.9米/秒）为强台风。台风发生在太平洋西部和中国南海海域时，称台风；发生在太平洋东部和大西洋海域时，称飓风。

台风的水平结构分3层，由里向外分别为台风眼、云墙和旋转雨带。台风眼呈圆形或椭圆形，平均直径25千米，最大可达60~70千米，眼区天空晴朗，风平浪静，被身临其境的海员戏称为"世外桃源"。台风眼周围是约100千米厚的漩涡风雨区，摧毁性大风、暴雨集中于此。外围是200~300千米厚的大风区，降水减少。

1998 年 12 月 1~7 日，台风委员会在菲律宾马尼拉举行的第 31 届会议，决定从 2000 年 1 月起，台风采用具有亚洲风格的名字，并通过了由 140 个名字组成的台风顺序表，顺序表中的名字，循环使用。这 140 个名字，分别由亚太地区的 14 个成员（国和地区）提出，每个成员提出 10 个，分散在 10 组中（每组 14 个名字），并按成员的英文字母排序。中国提出的 10 个名字是龙王、风神、玉兔、杜鹃、海马、悟空、海燕、海神、电母、海棠。

台风中心气压很低，与周围大气气压差很大，边缘气压梯度很大，可产生狂风。加之台风形成在海洋上，台风中旋转上升的大气携带充足的水汽在高空发生凝结，可产生特大暴雨。

台风一旦登陆，其形象绝不像它的名字玉兔、杜鹃、海燕、海棠、悟空那样生动可爱，那样充满诗情画意，那样让人产生遐想，而是面目狰狞，穷凶极恶。由台风带来的暴风，可拔起大树，掀翻船只，摧毁建筑物和通讯设施；由台风带来的暴雨，可造成江河横溢，洪水泛滥，淹没农田村镇，甚至伤及人命。仅 2006 年台风造成的死亡人数，就足以让人触目惊心：台风"珍珠"造成菲律宾、台湾等地 104 人死亡，"碧利斯"夺去菲律宾、台湾、中国东南部等地 672 人生命，"桑美"让马利安那群岛、菲律宾、中国东南沿海以及台湾省 458 人死于非命，"象神"扼杀菲律宾、越南、泰国及中国海南省 279 条生命，"榴莲"致菲律宾、越南、泰国 819 人丧生。世界气象组织统计的台风、地震、洪水、雷暴、火山爆发、热浪、泥石流、海潮等 10 大自然灾害中，台风造成的死亡人数居首。

3.1.3 亦妖亦幻的龙卷风

龙卷风的威力比台风更甚，只是波及的范围无法与台风相比，前者为小尺度，后者为大尺度。

龙卷风是一种与强烈对流云相伴出现的具有垂直轴的小范围涡旋，总有一个如同"象鼻子"一样的漏斗云柱挂在对流云底部，盘旋而下，当接触到地面时会带来强烈的天气现象。多数龙卷风的直径一般在 100~600m 之间，持续时间数分钟，平均路径长度几千米。美国是龙卷风出现最多的国家，中国也有龙卷风的出现。

由于龙卷风中的空气是绕龙卷的轴快速旋转上升的，因此受离心力作用，龙卷风中的空气被甩出，龙卷风中气压迅速减小，一般可低至 400 百帕，最低可达 200 百帕（标准大气压为 1013.25 百帕）。于是，在龙卷周围形成了巨大的气压梯度（单位距离的气压差）。台风中心和它外围空气的气压差平均每 100 千米差 20 百帕，而龙卷风中心与外围 20 米处空气的气压差就达 20 百帕。气压梯度越大，风力也就越大。巨大的气压梯度力迫使近地面层气流从四面八方迅速涌入龙卷风底部，形成狂风。根据流体流量连续性原理，从近地面层汇入龙卷风底部的气流，又马不停蹄地快速旋转上升。龙卷风的风速可达 100～200 米/秒，最大 300 米/秒。12 级台风的风速相当于 32.7 米/秒，要和龙卷风相比自然大为逊色。龙卷风在地面形成的巨大狂风，可以轻而易举地"倒拔垂杨柳"、摧毁建筑物，甚至像利剑似地把坚固的高楼大厦削掉一角。由于龙卷风在地面产生的风由四周向云底中心吹，因此向漏斗状云底汇聚的巨大风暴可将地面上的物体和人卷入云底，再被漏斗状云中的巨大上升气流举上空中。

龙卷风示意图

2011 年 5 月初，美国南部地区遭遇龙卷风袭击，大量市镇被毁，数百人丧生。5 月 3 日，夏威夷州檀香山海港甚至出现"双龙吸水"的罕见景观。

2012 年 8 月 26 日 17 时 30 分，江苏洪泽湖出现巨大"龙吸水"的壮观景观。

1956 年 9 月，上海曾出现过一次龙卷风，它竟然把一个三四层楼高的 110 吨的储油罐举到 15 米的空中，然后把它甩到 100 米以外的地方。

1925 年美国曾出现过一次强大的龙卷风，造成 2000 多人伤亡。

龙卷风涉及的范围很小。1927 年美国北卡罗来纳州的一次龙卷风，在它经过的大约 3000 平方米范围内，大树被连根拔起，3000 平方米以外的地方则安然无恙。

3.1.4　致雷致雨的飑线

飑线是由许多雷暴单体（其中包括若干超级单体）侧向排列而形成的强对流云带。飑线为中尺度天气系统，水平尺度长、宽均约几十至上百千米，持续时间几至十几小时。

飑线在地面表现为气压和风的不连续线。飑线过境时，风向突变，气压涌升，气温急降，并伴有狂风、雷雨、冰雹等天气现象。

飑线过境前，天气较好，多为偏南风。飑线后天气变坏，风向急转为偏北、偏西风，风速可增至 10 米/秒以上，最大可超过 40 米/秒。飑线之后一般有扁长的雷暴高压带和一明显的冷中心，飑线前后两侧温差可达 10℃ 及以上。

雷暴云产生降水后，由于降水物的拖拽作用，云的后部产生下沉气流。下沉气流出云后，因其携带的固态降水物融化及液体降水物蒸发吸收大量热量而变冷。冷下沉气流在地面的堆积，形成冷性小高压（雷暴高压）。由雷暴高压和周围（环境）空气间的气压梯度产生的气压梯度力，驱动雷暴高压中冷空气向四周流动（气象上称辐散）。雷暴高压产生的风，前（云移动方向为前）后部风向相反，后部向后吹，前部向前吹。由于雷暴高压后部环境风速较大且风向和雷暴高压后部的风向相反，二者合成结果，风速变小。雷暴高压前部与环境空气地面交界线为飑线。飑线处气压梯度和气温梯度均很大，加之下沉气流将高空动量下转（高空风速大且和云移动风向基本一致），可产生 10 米/秒以上的大风。因此，飑线过境时，风向突变，气压涌升，气温急降，并伴有狂风和雷雨。

此外，飑线在移动中，冷气流抬升其前部环境暖湿空气，在云前方形成上升运动，产生新的雷暴云。原雷暴云产生降水后，能量消耗殆尽，即烟消云散。而新生成的雷暴云，将继承前辈的使命，继续产生新的降水和新的下沉气流，继续触发前部暖湿环境空气产生更新的雷暴云。雷暴云的这种新陈代谢，称雷暴云的传播。因为旧雷暴高压产生的向前辐散气流（风），正是新暴高压后部的环境气流，所以雷暴高压后部的环境风速大且和雷暴高压向后的辐散气流方向相反。

飑线过境时，能造成严重的灾害。

2009年6月3日傍晚，一场罕见的强飑线天气袭击了山西、河南、山东、安徽、江苏等地，造成了22人死亡，农业直接经济损失高达十几亿元。河南省永城市最大风力达到11级，为永城市有气象记录以来的最大风力。

2009年8月27日16时50分，受飑线系统影响，辽宁多地出现雷雨大风天气。大风吹倒大树、广告牌，在沈阳市南三经街上，一棵碗口粗的树被刮断。大风使3人不幸遇难，10余人被砸伤，另外锦州市通讯、网络等中断。

3.2 大气的垂直运动

大气中的对流，为热力性垂直运动，是因空气团与周围大气存在温度差异而产生的比较有规则的升降运动。垂直速度一般为 1~10 米/秒，水平范围几千米至几十千米，生命史几分钟至几小时。对流是产生雷暴、大雨以上量级降水、冰雹等的基本条件之一。

凝结核、水汽、上升运动是形成云雨的基本条件，上升运动是云雨形成的动力条件。大气中的凝结核、水汽来源于下垫面，含量随高度变小。正是垂直上升运动把凝结核、水汽搬运至空中，自然界才可能有千姿百态的云和形态各异的降水。

3.2.1 绝热过程

要了解对流，需首先了解大气中的绝热过程。绝热过程，指空气团在升降过程中，不和周围（环境）大气发生质量和热量交换，由体积变化（压缩和膨胀）引起自身温度变化的过程。大气中并不存在真正意义上的绝热过程，绝热过程只是一种近似，所以有时也称为绝热近似。

空气团在上升过程中，由于环境气压变小（气压随高度递减），体积膨胀，消耗内能，因此气温降低；在下降过程中，由于环境气压增大，体积被压缩，增加内能，因此气温升高。

描述空气在绝热过程中温度变化程度的物理量是绝热直减率，即绝热上升（下降）100 米自身温度下降（增加）的摄氏度数。不含水汽的干空气绝热直减率为 1℃/100 米，称干绝热直减率；含水汽空气的绝热直减率称湿绝热直减率。由于湿空气在上升过程中降温，促使水汽饱和，发生水汽凝结现象并释放潜热增暖大气，因此湿绝热直减率小于干绝热直减率，而且湿度越大，湿绝热直减率越小。

3.2.2 大气层结稳定度

大气层结稳定度，是指大气层结对空气团垂直运动的阻碍程度。

大气层结，指大气中温度和湿度的垂直分布。描述温度（湿度）垂直变化的物理量用气温（湿度）垂直递减率表示，即每上升 100 米气温（湿度）下降的值。气温（湿度）垂直递减率越大，表示下层温度越高、湿度越大，上层温度越低、湿度越小，气层越不稳定，越有利于对流发展；反之，气层越稳定，越不利于对流发展。

大气在准静止时，在垂直方向所受的重力和浮力平衡。一旦局部空气所受重力和浮力之间的平衡被破坏，局部空气就开始上升或下沉。局部空气温度高于环境大气温度时，根据阿基米德定律，局部较暖空气所受浮力等于它排开的相同体积环境大气的重力。由于局部空气温度高于环境大气温度，因而密度小于环境空气密度。二者体积相同时，局部较暖空气的重力小于环境大气的重力，即局部较暖空气所受浮力大于所受重力，将产生上升运动；局部空气温度低于环境大气温度时，所受重力大于浮力，将产生下沉运动。这种因局部空气和周围大气温度差异而产生的垂直运动称对流。

环境大气温度直减率大于绝热直减率（即上升空气温度随高度下降幅度比环境大气温度随高度下降幅度小）的气层，称不稳定气层。环境大气温度直减率越大，气层越不稳定，越有利于对流发展。因为在不稳定气层中，一旦局部空气在外力作用下离开原平衡（静止）位置上升，由于上升空气随高度气温下降幅度比环境大气温度随高度下降幅度小，因此上升空气在上升过程中温度将高于同高度环境大气温度（即浮力大于重力），即便外力消失，上升空气依旧可以继续上升。若局部空气在外力作用下离开原平衡位置下沉，即便外力消失，依旧可以继续下沉。

环境大气温度直减率小于绝热直减率（即上升空气温度随高度下降幅度大于环境大气温度随高度下降幅度）的气层，称稳定气层。环境大气温度直减率越小，气层越稳定，越不利于对流发展。大气中的等温层（气温随高度不变）气温直减率为 0，逆温层（气温随高度增加）气温直减率为负值，因此这两种气层非常稳定。在稳定气层中，局部空气一旦离开原平衡位置上升，其温度将低于同高度环境大气温度，所受重力大于浮力，将被迫下沉；局部空气一旦离开原平衡位置下沉，其温度将高于同高度环境大气温度，所受重力小于浮力，将被迫上升。稳定气层中有一种遏制空气上下运动的机制，不允许空气上蹿下跳，但它对水平运动并没约束力。

3.2.3　对流产生的条件

不稳定气层是对流发展产生的必要条件，但仅仅有不稳定气层尚不足以产生对流，还需要有一定的外力，推动局部空气离开原平衡（静止）位置。一旦局部空气离开原平衡位置，将获得上升（或下沉）动力，产生对流。这个推动局部空气离开原来静止位置的"外力"，称对流冲击力，又称触发机制。

对流冲击力有两类：一类是动力产生的冲击力，一类是热力产生的冲击力。

动力性冲击力，是由空气在运动中产生的冲击力。地面低压、切变线等气流辐合区，均可使原静止空气被抬升；冷暖空气交界处，冷空气可将暖空气抬离原平衡位置；山地迎风坡也可抬升迎面而来的空气。

热力性冲击力，由局地受热不均产生。局地受热多的空气，温度较高，所受浮力大于冲力，可离开原静止位置上升。

3.2.4　系统性垂直运动

大范围空气有规则上升和下沉的运动称系统性垂直运动。系统性垂直运动的升速较小，为 1~10 厘米/秒，水平范围几百至几千千米，生命史十几小时至一天。

系统性垂直运动出现在大气水平气流的辐合、辐散区，冷暖空气交界区，山地应风坡。

大气是连续性流体，当空气发生水平辐合运动时，位于辐合气流中的空气必然受到侧向的挤压，便从上侧面或下侧面产生上升或下降气流。同理，当空气向四周辐散时，在垂直方向上也会产生下沉或上升气流以补偿气流的辐散。在地面，低压区、风向辐合（风向相对）区、风速辐合（风速由大转小）区为气流辐合区，引起上升运动；高压区、风向辐散（风向相反）区、风速辐散（风速由小转大）区为气流辐散区，引起下沉运动。

冷暖空气相遇时，由于冷空气密度大，将钻入暖空气底部，抬升暖空气，暖空气将沿冷空气向上倾斜爬升。

气流受山坡阻挡时，将被迫沿山坡爬升。

系统性上升运动区，将产生大范围的云雨天气。

3.2.5　气流波动

两种密度不同的空气发生相对运动时，在其界面上会产生气流波动。这种波动常出现在等温层（气温随高度不变）和逆温层（气温随高度增加）界面上。

等温层和逆温层中水平气流受到扰动（动力产生的外力作用）上升时，受稳定层遏制，在重力作用下被迫下降。降至平衡位置时，由于运动物体的惯性，并不立即停止下沉，而是继续下沉。下沉中继续受到稳定气层的遏制，又被迫上升。气流一方面水平向前运动，一方面上升后又下沉、下沉后又上升，于是形成波动气流。由于这种波动气流与重力和惯性有关，故称惯性重力波。

气流越山时，若气层稳定，翻山气流可在山顶和背风坡上空产生波动气流。因这种波动气流与地形有关，又称地形波或背风波。

3.2.6 乱流

大气中的乱流，指大气中空气微团不规则的运动，又称湍流。

根据乱流形成的原因，可分为热力乱流和动力乱流。

空气受热不均时，较热空气微团将上升，较冷微团将下沉，于是形成热力乱流。

空气水平流速不一致（气象上称气流切变）时，可形成涡旋气流。水平流速不一致时，形成绕垂直轴旋转的涡旋；垂直方向上流速不一致时，形成绕水平轴旋转的涡旋。这种大大小小的涡旋，构成了动力乱流。

大气中的涡旋气流，如同流水中形成的涡旋气流。河水在流动时，如遇障碍物，将在障碍物两侧绕流。由于障碍物的摩擦作用，靠近障碍物的水流速度变小，离障碍物远的水流速度相对较大。这种流速差异，可在障碍物两侧形成涡旋。流速差异越大，越容易形成涡旋。背对水流风向，在障碍物右侧，形成逆时针旋转的涡旋；左侧形成顺时针旋转的涡旋。

气流流经粗糙下垫面时，受地面摩擦力影响，上下层气流存在切变，于是形成绕水平轴旋转的涡旋；气流绕过山体和建筑物时，受山体和建筑物的摩擦影响，存在水平切变，于是形成绕垂直轴旋转的涡旋。摩擦层中，由于下垫面对气流的摩擦作用随高度减小，风速随高度增大，从地面至摩擦层顶均存在气流切变，因此动力乱流充满整个摩擦层。乱流在摩擦层上下间热量、动量、水汽、杂质的交换中，功不可没。

3.3 天气系统

全球大气环流具有的纬向带状分布特征，只是在假定地表均匀和无摩擦力作用条件下的理想状态。由于高层大气距离地表较远，因此高层大气的运动基本上呈现了纬向环流的分布特征。但是在对流层的中下层，特别是近地面层，由于地表的不均匀，如地形起伏、水陆分布和城市结构等，会使沿纬圈环流的带状分布特征受到不同程度的破坏，与之相适应的是在全球大气环流基础上产生的各种波动以及闭合或半闭合的扰动系统，在天气学中称为天气系统。

天气系统是引起天气变化和分布的具有典型特征的大气运动系统。各种天气系统都在一定的大气环流和地理环境中形成、发展和演变着，都具有一定的空间尺度和时间尺度，而且各种尺度的系统间相互交织、相互作用，从而造就了地球上千变万化的天气现象。从时间和空间上可以将天气系统分为大尺度、中尺度和小尺度三类。

3.3.1　大气环流的基本模式

大气环流是指全球范围的大尺度大气运动的基本状况。这种大范围大气运动的水平尺度在数千千米以上，垂直尺度在 10 千米以上，时间尺度在数周以上，它可支配季节的天气状况，甚至影响到整个气候的变化。同时它还是各种不同尺度的天气系统发生、发展和移动的背景条件。在假定地表性质均匀和无摩擦力的条件下，由气压梯度力和地转偏向力共同作用形成的大气环流基本呈现纬向环流，形成三个行星风带和四个行星气压带。三个行星风带，即低纬信风带、中纬西风带和高纬东风带；四个行星气压带，即赤道低气压带、副热带高气压带、副极地低气压带和极地高气压带。

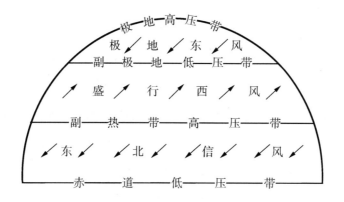

北半球近地层风带气压带示意图

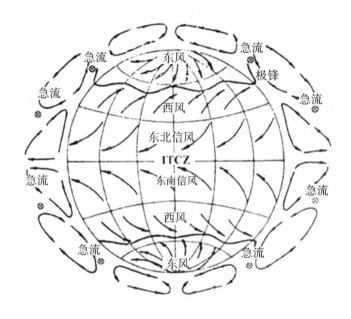

三圈大气环流模型示意图（引自米勒等的专辑，1982）

3.3.2　大尺度天气系统

大尺度天气系统的水平尺度为数百到数千千米，典型尺度为 2000 千米，时间尺度为数天到数周，如西风带中的高压脊与低压槽、冷暖气团与锋面、温带气旋与反气旋、副热带高压以及热带气旋等系统。

中高纬度的高空为西风波，当高压脊和低压槽发展，振幅加大到一定程度便形成了阻塞高压和切断低压。一般而言，在低压槽和切断低压的前部会有中低云系发展，出现降水（雨或雪）的概率较大。特别是当阻塞高压崩溃和切断低压东移时，往往会造成大范围冷空气东移南下甚至爆发寒潮天气。高空天气系统的发展和变化还会直接引导着地面天气系统的发生和发展。

气团是在水平方向上物理属性相对均匀的大范围空气团，其内部天气比较稳定。大气中冷暖两种不同性质气团的交界面（过渡带）称为锋面。根据锋面在移动过程中冷暖气团所占的主次地位，可将锋面分为冷锋和暖锋。冷锋就是锋面在移动过程中冷气团起主导作用，推动锋面向暖气团一侧移动。暖锋则是锋面在移动过程中暖气团起主导作用，推动锋面向冷气团一侧移动。而当冷暖气团势力相当，锋面

阻塞高压与切断低压

移动很慢时，称为准静止锋。另外，当暖气团、较冷气团和更冷气团三种不同的气团相遇时，首先会构成两个锋面，然后其中一个锋面追上另一个锋面，即形成锢囚锋。锋面附近的气压、温度、风等气象要素往往会表现出突变性，天气现象较为剧烈，常出现不同程度、不同性质的降水、降温和大风等天气。

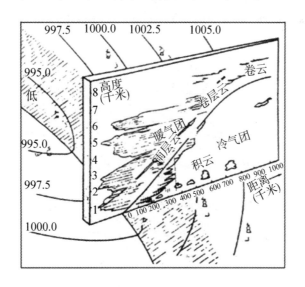

暖锋天气模式

温带天气系统在近地面主要表现为气旋和反气旋。中纬度的气旋由于南北方温差较大，故多为锋面气旋。锋面气旋是一个逆时针旋转的涡旋，中心气压最低，它是温带地区产生较大范围云雨天气的主要天气系统。温带反气旋对中国冬季的天气会产生重要影响，它在高空气流引导下一次次发展东南移，可造成大范围的冷空气活动甚至寒潮。

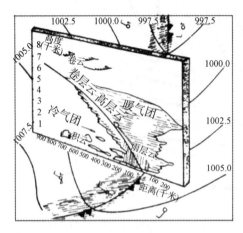

第一型冷锋天气　　　　　　锢囚锋天气模式

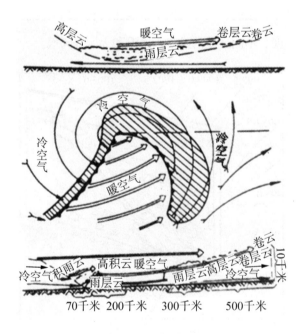

锋面气旋结构模式

副热带高压属暖性高压，为深厚系统，它是制约低纬度和中纬度大气环流的重要系统之一。副热带高压简称副高，副高所控制的地区由于盛行下沉气流，因此以晴朗、少云、微风和炎热天气为主。但是在副高的西北部边缘因与西风带的低槽、锋面、气旋等天气系统相交绥，气流上升运动强烈，水汽比较充沛，因而多云雨天气。其中，西太平洋副高的位置与进退直接关系到中国东部夏季雨带的南北移动，且它的强度和变化决定了各地雨量的大小。每年6月中下旬，西太平洋副高脊线在20°~25°N间徘徊时间较长，形成了江淮流域的梅雨。青藏高压也是副高的重要组成部分，它与高原雨季密切相关，同时对长江中下游的梅雨异常也有影响。

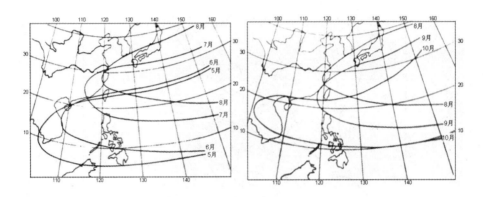

西太西太平洋副热带高压脊 500 百帕平均位置

热带气旋是在东风波或赤道辐合带扰动基础上发展，形成于海洋上的一种热带风暴。热带气旋的强度有很大差异，根据气旋中心附近最大平均风力，可划分为热带低压、热带风暴、强热带风暴和台风几个不同的等级。其中发展强盛中心最大风力≥32.7米/秒的热带气旋称为台风，在大西洋地区和东太平洋地区称为飓风。台风是一个强大而深厚的气旋性涡旋，发展成熟的台风按低层气流的水平分布，可分为外圈、中圈和内圈（即台风眼区）；按气流的垂直分布，大致分为流入层、中层和流出层。当台风影响和经过时，常常会带来狂风、暴雨和暴潮，酿成灾害。但同时它也有有益的一面，它是低纬度降水的主要来源之一，有利于缓解某些地区出现的旱情。

3.3.3 中尺度天气系统

中尺度天气系统的水平尺度几十千米到二三百千米，典型尺度 20 千米，时间尺度从一小时到十几小时，如地面天气图上的飑线、中尺度辐合线、中尺度气旋和中尺度雷暴高压等天气系统，卫星云图上的中尺度云团和中尺度对流辐合体（即 mCC）以及多普勒天气雷达速度场上的中尺度辐合线、中尺度气旋等。中尺度天气系统伴有比较剧烈的垂直运动，因而会产生强阵风、大雨，甚至冰雹等天气现象，是最具破坏力的尺度之一。

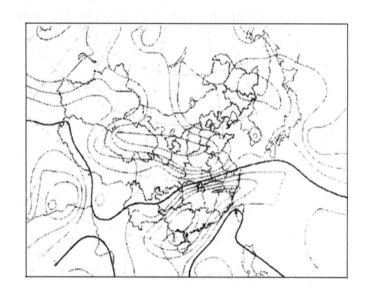

地面天气图上的中尺度辐合线

3.3.4 小尺度天气系统

小尺度天气系统的水平尺度几十米到十几千米，典型尺度 2 千米，时间尺度从几分钟到一小时，如小尺度涡旋、龙卷风以及海陆风、山谷风和焚风等，它们大都与下垫面状况、地形起伏、水陆分布和城市结构有关。其中，龙卷风是一种与强烈对流云相伴出现的具有垂直轴的小范围涡旋，总有一个如同"象鼻子"一样的漏斗云柱挂在对流云底部，盘旋而下，当接触到地面时会带来强烈的天气现象，也可以说它是强烈对流云巨大能量中的一小部分在很小的区域内集中释放的一种形式。多数风龙卷的直径一般在十几米到几百米，平均 250 米左右，最大 1 千米。龙卷风往往带有突发性，破坏力更大。美国是龙卷风出现最多的国家，中国也有龙卷风的出现。

大气运动的能量和原动力主要来自太阳。太阳辐射在地球表面分布的不均匀性，导致了气压在地球表面分布的不均匀性；气压水平分布的不均匀性，产生了大气的水平运动——风。

正是大气的水平运动，使不同纬度间大气热量、水汽得以交换，创造了天气变化和云雨形成的条件。风，可帮助植物散播花粉；让植物群体内的空气不断更新，改善植株周围空气的二氧化碳浓度，使光合作用保持在较高水平上；频频摇动枝叶，让每片枝叶都能享受阳光的照射，制造出更多的糖分。风也是一种自然能源，很早以前，人类就学会制造风车，借风力吹动风车来抽水和加工粮食，现在人们还利用风车来发电。然而，台风、龙卷风、飑线风又会危及人类生命财产。

大气的垂直运动，完成了大气在垂直方向上的热量、动量、水汽和杂质的交换，是产生云雨的不可或缺的动力条件。云雨形成在空中，而形成云雨的基本原料——水汽和杂质却集中在对流层底层。正是大气中的上升运动，把水汽和杂质从大气底层搬运至高空，并在上升过程中不断降温使水汽达到饱和后凝结成云；此外，细小的云滴还要借助上升气流的托举，才能在云中逐渐长大为雨滴形成降水。

大气的水平运动常常和垂直运动相互关联。大气是连续的流体，根据流量连续性原理，地面高气压中气流向外辐散，引起下沉运动；地面低气压四周气流向低压中心辐合，引起上升运动；冷暖空气相向运动时，暖空气沿冷空气向上爬升；气流遇山脉阻挡时，将沿山坡爬升。

大气不停地运动，带来了风云变换，阴晴雨雪。

4　绝妙的水汽　"变脸"

水汽是大气中唯一能发生相态变化的成分。正是它的相态变化，才有了地面"似珍珠"的露，"剪破绿荷"的霜，近地面层"咫尺不辨人与牛"的雾，空中"可望不可即"的云。

大气中的水汽并不能随心所欲地成云变雾，必须有一定的条件。只有空气中的水汽过饱和时，才发生水汽凝结现象。

在一定温度下，大气中容纳的水汽是有限度的。水汽含量达到这个"限度"时，称水汽饱和。大气中水汽饱和时的水汽分压，称饱和水汽压。饱和水汽压并不是一个定值，而是随温度升高而增大，即温度越高，大气中水汽饱和时所含水汽越多。

水汽压是大气中所含水汽的分压，用来表示大气中所含水汽的多少。如果大气中的实际水汽压等于同温度时的饱和水汽压，表示大气中的水汽已经饱和；若大于同温度时的饱和水汽压，表示大气中的水汽已经过饱和，多余的水汽将发生凝结；若小于同温度时的饱和水汽压，表示大气中的水汽不饱和，大气中的液态水将发生蒸发。因此，饱和水汽压是凝结和蒸发过程相互转换的临界值。

降温可降低大气中水汽饱和标准，使原未饱和的大气饱和，发生水汽凝结现象。因此，大气中的降温过程和水汽凝结过程存在直接的因果关系。

4.1　琳琅满目的地面凝结物

4.1.1　露——颗颗晶莹的珍珠

露是近地面空气中的水汽在地表和地物（如石头、瓦片、农作物的叶面等）

上凝结而成的水滴。傍晚或夜间，地面和地物由于支出辐射大于收入辐射而逐渐冷却，贴近地面和地物的空气随之降温。当气温降到使空气中水汽达到饱和时，也就是降到露点温度，地面和地物的表面就会有露珠生成。成露时仅要求贴近地物的气温低于露点温度，此时百叶箱高度上的气温一般仍高于露点温度，水汽含量并未达到饱和。露珠是液态水滴，露生成时，贴地或贴近地物表面的气温仍应高于0℃。

有利于生成露的气象条件是晴朗微风的夜晚。夜间阴天和云量较多时，几乎可拦截地面全部辐射，并向地面反辐射，温室效应增强，不利于地面降温。夜间晴朗，有利于地面和地物迅速辐射冷却降温，促使水汽饱和发生凝结。

微风可以使贴地层空气得到更换，将已发生水汽凝结的"旧"空气送走，带来"新鲜"空气以补充新的水汽来源供继续凝结。无风时，无新的水汽来源补充，可供凝结的水汽不多，成露不多；风速过大时，乱流太强，乱流混合层太厚，不利于成露。由于夜间近地面层空气稳定，而稳定层中乱流将上层热量下转，乱流太强不利于地面降温；由于大气中的水汽含量随高度递减，乱流太强、乱流混合层太厚时，乱流交换的结果，将使乱流混合层湿度均匀化，这种利益均沾的结果，使近地面层空气相对变干，难以成露。

露多出现在夏末秋初天气转凉的夜晚，因为这时夜间晴天多，且空气中的水汽含量还相当丰富。夏季虽水汽含量丰富，但昼长夜短，地面降温不显著，贴地层气温不易降到露点以下；冬春季节，因空气中水汽含量较少，也不易成露。

疏松土壤、木板、瓦片等物体导热率较小，夜间降温比较显著，表面的露较多。由于植物叶面的蒸腾作用，植物附近湿度相对较大，植物叶面上的露也较多。露水对植物的生长有一定的好处。观测结果表明，一个晚上的露相当于0.1～0.3毫米的雨量，多的甚至可以达到1毫米以上，一年累计有数十毫米。此外，水汽凝结成露的过程中，放出的热量对植物有一定的保温作用。

4.1.2　霜——降至春林花委地

霜是近地面中的水汽在地面和地物上直接凝华而成的冰晶，白色且具有疏松的晶体结构。

根据霜的形成条件，可分为辐射霜、平流辐射霜和洼地霜。

辐射霜的形成原因与露相似，也形成于晴朗微风的夜晚，也由地面辐射冷却降温所致，不同处在于二者形成时的气温。成露时，贴近地物表面的气温高于0℃；由于霜是由冰晶组成的，因此成霜时贴近地物表面的气温低于0℃，但百叶箱高度上的气温仍可能高于0℃。

冷空气入侵降温后，又经晴朗夜晚地面辐射冷却进一步降温形成的霜，有平流降温的影响，也有辐射降温的影响，因此称平流辐射霜。

夜间，洼地和山谷坡上辐射冷却较洼地、谷底明显，是贴近坡处空气的"冷却器"。坡上的空气变冷后密度增大，顺坡流入洼地和谷底，并抬升洼地和谷底的较暖空气。坡上冷空气的汇入，易使洼地和山谷降温，再加上继续辐射冷却，很容易出现霜，常称为洼地霜。

霜不同于由露滴冻结而成的冻露。冻露是坚硬的小冰珠，而霜是疏松的晶体结构。

霜和霜冻不同。霜冻指的是由于气温剧烈下降而引起的植物冻害现象。贴地层空气中如果含水量很少，即使气温降得很低，也难形成霜，但可使植物内所含液态水冻结，因此无霜仍可引起霜冻。植物表面虽然有霜形成，但贴地层气温尚未使植物内所含的水达到冻结的程度，因此有霜未必形成霜冻。一般情况，霜形成后如果再进一步降温，很容易导致霜冻的发生。由于霜冻对农作物的危害很大，特别是对蔬菜、水果等危害更为严重，因此预防霜冻就显得非常重要。

霜冻的预防有灌水法、覆盖法、熏烟法。

灌水法，就是在霜冻来临之前，往田间灌水。灌水后，因水的热容量大，可减缓地面降温；增大近地面层水汽含量，增强大气温室效应；一旦降温，可形成雾，雾几乎可以拦截全部地面辐射，加之雾形成过程中水汽凝结是释放的潜热，可阻止地面继续降温而形成霜冻。

覆盖法，就是用稻草、麦秆、杂草等覆盖植物。被覆盖的植物，可免受外部冷空气的直接侵袭，覆盖物可减少地面热量向外的流失。覆盖地的温度可比裸露地的温度高1~2℃。

熏烟法，就是在霜冻来临之前1小时左右，点燃柴草、锯末、牛粪等易产生烟雾的物质。燃烧产生的热量及烟雾对地面辐射的吸收，可阻止地面热量的散失，从而对地面起到保暖作用。该方法可提高地温 1 ~ 2℃，但因成本高，污染大气，不宜推广使用。

4.1.3 雾凇——千树万树梨花开

雾凇是过冷水雾在树枝、电线及其他细长物体迎风面冻结或由水汽凝华而成的乳白色冰晶，俗称树挂，中国北方常见。

所谓过冷水雾，就是组成雾的小水滴温度低于 0℃。0℃是水的冰点，温度低于 0℃时水体就要结冰，这只是对大的水体而言。在自然云雾中，可以观测到低于 0℃（甚至 -10℃）的液态云雾滴，而且，液态云雾滴越小，冻结温度越低。过冷却水滴有一种特性，一旦和低于 0℃的物体接触，将立即冻结。

根据雾凇的结构以及形成条件，可将雾凇分为粒状雾凇和晶状雾凇。

粒状雾凇形成时，往往风速较大，且气温在 -2 ~ -7℃之间。它是由被风吹动的过冷水雾滴与细长的物体接触后迅速冻结而成的。由于冻结速度快，因而形成的雾凇为粒状结构。

晶状雾凇由冰晶所组成，由水汽附在细长物体上凝华而成，形如绒毛，稍受震动即散落。晶状雾凇形成于微风或静风、气温低于 -15℃的雾天中。由于它密度小，增长缓慢，1 小时大约增长 1 毫米，厚度平均不超过 1 厘米，且易被风吹掉，因而一般不易造成灾害。

雾凇和霜的主要区别：一是形成时间不同。霜形成于晴朗静风的夜间，雾凇则可以在有雾天的任何时间形成。二是在附着物上的位置有区别。霜形成在物体水平面上，而雾凇主要在物体与地面相垂直的面上形成。雾凇融化时化成的水分，对北方越冬作物有利。

雾凇也是一种自然景观，被现代文人誉为"寒江雪柳""玉树琼花""冰花""琼花""雪柳"。吉林的雾凇被誉为中国四大自然奇观之首。雾凇来也匆匆，去也匆匆。来时，"忽如一夜春风来，千树万树梨花开"；去时，"无可奈何花落去，似曾相识燕归来"。

4.1.4　雨凇——世人皆叹行路难

雨凇是由过冷雨滴下降到温度低于0℃的地面或地物上冻结而成，多形成于物体迎风面，呈透明或毛玻璃状的紧密冰层。雨凇的结构清晰可辨，表面一般光滑。根据雨凇的形态，分为梳状、椭圆状、匣状和波状雨凇等。

雨凇的形成离不开冻雨。所谓冻雨，就是雨滴的温度低于0℃，即过冷雨滴。由于过冷雨滴与地面低于0℃物体接触后立即冻结，故称之为冻雨。

冻雨的产生除需降水产生的基本条件外，还需有上冷、中暖、下冷的垂直温度结构。降水形成后，在高层下落的固态降水粒子经中间暖层融化为液滴，进入下部冷层后温度降至0℃以下，降至地面时形成冻雨。

雨凇积冰的直径一般为40～70毫米。中国雨凇积冰最大直径出现在衡山南岳，达1200毫米，其次是巴东绿葱坡711毫米，再次为湖南雪峰山的648毫米。

虽然雨凇使大地银装素裹，晶莹剔透，美轮美奂，风光无限，但雨凇却是一种灾害性天气。雨凇可以压断树枝、农作物，压塌房屋，导致通讯线路中断，妨碍公路、铁路交通。

4.1.5　扑朔迷离的雾

雾，曾一次次激起文人灵感，一次次引发墨客遐想。"雾失楼台，月迷津渡，桃源望断无寻处""类烟飞稍重，方雨散还轻""拂林随雨密，度径带烟浮"，是古人因雾留下的传世华章。"雾，似有形而又无形，朦朦胧胧地飘渺于文人的诗篇之间。雾里看花，雾因花而美丽，花因雾而朦胧，一如诗人的情感。雾在山间游动，像画家泼墨，使原来的山变成景，做成了一幅幅丹青"，是今人对雾的倾情吟唱。

雾，是一道自然景观，同时也是一种气象灾害。

雾是发生在近地面层的水汽凝结现象。悬浮在近地面层空气中的大量水滴或冰晶，使水平能见度小于1千米的现象称雾；水平能见度1～10千米时为轻雾。

根据雾的形成条件，又可分为气团雾和锋面雾两大类。锋面雾是在冷暖空气交界的锋面上，冷暖空气混合使暖空气降温水汽达到饱和发生凝结形成的雾。气团雾是在气团内部形成的雾，根据形成条件，可分辐射雾、平流雾、平流辐射雾、地形雾和蒸发雾，其中以辐射雾和平流雾最为常见。

大雾不仅影响交通，而且还加大近地面层污染物浓度，危害人体健康。由于雾总是和逆温层相伴出现，而逆温层又阻止上下层空气的质量交换，使污染物难以扩散，因此雾天时近地面层常聚集大量的污染物。空气中的二氧化硫在大气中被氧化后，与雾滴结合可形成硫酸雾，危及人体健康。

4.1.6 辐射雾

辐射雾是夜间地面辐射冷却，使近地面层空气中水汽达到饱和发生凝结所致。

辐射雾形成在近地面层水汽充沛、微风（风速1~3米/秒）、晴朗少云的夜间或清晨。晴朗少云的夜间或清晨，大气温室效应减弱（阴天或多云时，云层几乎可以拦截全部地面辐射），地面迅速辐射冷却降温，近地面层空气随之迅速降温。近地面层降温有双重功效：一是使近地面层水汽饱和发生凝结，二是在近地面层形成贴地逆温。由于地面对空气的冷却作用随高度减弱，即越靠近地面，空气降温越明显，离地面越远，降温越不明显，于是在近地面层形成辐射逆温。辐射逆温形成后，可阻止上下层空气质量交换，把大量水汽和杂质拦截在逆温层下，有利于雾的产生。近地面层湿度越大、湿层越厚，越有利形成较浓厚的雾。无风时，乱流弱，地面冷却作用影响的空气层较薄，形成的雾也稀薄；适当的风速，既不破坏稳定层，又使地面冷却作用影响到较高层次，形成较厚的雾层。

辐射雾有明显的季节性和日变化。秋、冬季居多；多在下半夜到清晨，日出前后最浓，随着地面升温、乱流增强而逐渐消散。厚度几十米到几百米，平均150米，水平范围较小，常零星分布，在平原上可连成一片。

4.1.7 平流雾

暖空气流到冷下垫面上时，因接触冷却，使暖空气降温水汽饱和产生凝结而形成的雾，称平流雾。

平流雾的形成，需要一定的条件：一是暖湿空气与地表之间有较大的温差，

平流雾

二是有适当的风速（2~7 米/秒）。暖湿空气流经冷下垫面时，由于二者温差较大，接触冷却后暖空气迅速降温。

暖空气降温的结果，一是使近地面层水气饱和发生凝结，二是在近地面层形成平流逆温，保证成雾所需的水汽和杂质。适当的风速，不但使暖湿空气源源不断地流向冷下垫面补充新鲜水汽，而且能产生一定强度的湍流，使地面的冷却作用影响到一定高度，形成较厚的雾层。

平流雾的垂直厚度可从几十米至 2000 米，水平范围可达数百千米以上。平流雾日变化不明显，只要维持适当的风向、风速，就可持久不散；如果风停或风向转变，暖湿空气来源中断，雾会立刻消散。

4.1.8 平流辐射雾

平流辐射雾是经冷平流（冷空气）影响降温后，又经夜晚地面辐射冷却降温形成的雾。由于是平流和辐射引起的双重降温作用形成的雾，故称平流辐射雾。其形成原理类似辐射雾。

4.1.9 蒸发雾

蒸发雾是由水面蒸发形成的雾，又称蒸汽雾。水面温度越高，其上的空气温度越低，越容易形成蒸发雾。

水面温度越高时，受暖水面热力影响，贴近水面的极薄层空气温度越高，饱和水汽压越大，越不容易饱和，越有利于水面蒸发。而距水面较远的空气，因受暖水面热力影响较小，温度较低，相应饱和水汽压较低。由于贴近水面的空气和距水面较远空气饱和"标准"不同，空气中的水汽含量对贴近水面的空气来说尚不饱和（将继续驱动水面蒸发），但对"标准"不高的距水面较远空气来说已经过饱和，于是多余的水汽发生凝结，形成蒸发雾。

蒸发雾在生活中随处可见。锅中水烧开时，打开锅盖，可见水面上腾起缕缕"白烟"。有人说"白烟"是水蒸气。错！水蒸气无色透明，肉眼根本看不到。被我们看到的"白烟"，不是水蒸气，而是由水蒸气凝结的小水滴组成的蒸发雾。

蒸发雾范围很小，强度也很弱，一般发生在冬半年的水塘及河谷上。此外，锋面之上的暖雨滴降至锋下冷空气后，因暖雨滴和环境空气存在温差，暖雨滴蒸发后也会产生蒸发雾。

4.1.10　地形雾

暖湿空气沿迎风坡爬升过程中形成的雾，称地形雾，又称上坡雾。暖湿空气在沿迎风坡爬升过程中，因和冷坡面接触降温和绝热上升降温，使暖湿空气饱和并发生凝结形成雾。上坡雾形成时，近地面层往往比较稳定（有逆温层），否则将产生对流，使雾消散。

4.2　千姿百态的云

"有轻虚之艳象，无实体之真形"的云，古往今来，一直流淌在诗人笔端。"白云千载空悠悠""入云深处亦沾衣""天光云影共徘徊""塞上风云接地阴""俄顷风定云墨色""碧天如水夜云轻"……这是一幅幅绚丽多彩的画卷，也是一首首千古绝唱的诗篇。

碧蓝苍茫的天空，几乎每天都有变幻多姿的云，有的像山峰一样挺拔壮美，有的像游丝一样纤巧多姿，有的像薄暮遮蔽全天，有的像棉絮撒满天空，有的像暴怒的野兽来势凶猛，也有的像水波柔弱无骨。而最常见的，还是那天边悬浮的洁白圆滑的馒头云，还有天顶丝绸般的卷层云。天空因为有了云，才显得生动活泼，蔚蓝的幕布才不那么单调乏味。

站在山下看山头，山头白云缭绕，然而到达山顶时却是一片雾海。如果乘坐飞机飞上蓝天进入白云之中，也会像在山头上那种感觉，会再次进入茫茫的云雾之中。天空的云就像地面的雾，地面的雾就是空中的云，两者的区分只是接地与否。接地的叫作雾，离地的叫作云，都是由水汽凝结而成。

地面上看云的宏观特征千姿百态，外形千变万化，形成原因各不相同，但却有其共同的特点，可以归纳分类。按照云的外形及中纬度地区平均云底高度可将云分成四族十属，每属分为若干亚属、种、类等。这种分类法在 1957 年以前是国际上通用的，故也称国际分类。

根据云的形成条件，可将云分为积状云、层状云和波状云。积状云包括积云、积雨云、卷云；层状云包括卷层云、高层云、雨层云、层云；波状云包括卷积云、高积云、层积云。气象界结合观测和天气预报的需要，按照云的底部距地面的高度将云分为低、中、高三级。

4.2.1　积状云

积状云是由空气对流形成的云，为垂直向上发展的直展云，顶部呈圆弧形或圆拱形重叠凸起，底部几乎水平，云体边界分明，云块之间多不相连，水平范围小。

积状云可分为 3 种类型：淡积云、浓积云、积雨云。

淡积云是积状云发展初期形成的云。中国北方的淡积云轮廓清晰，个体不大，顶部呈圆弧形凸起，云体水平宽度大于垂直厚度，薄的云块呈白色，厚的云块中部有淡影；南方由于水汽较多，淡积云轮廓不如北方的清晰。淡积云单体或成群分布在空中，晴天多见。由于上升空气水汽含量和温度水平分布基本上是均匀的，凝结高度（水汽发生凝结的高度）是一致的，因此淡积云具有水平的底部。在云体的形成过程中，由于云的中央部分上升气流最强，同时云体边缘部分又与周围干燥空气相混合，云滴不断蒸发，空气不断冷却，致使云块外围产生下

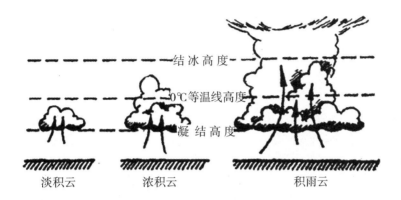

结冰高度

0℃等温线高度

凝结高度

淡积云　　　　浓积云　　　　　积雨云

积状云示意图

沉气流，造成圆拱形突出的云顶。农谚"馒头云，晒死人"，说得就是淡积云，天上出现像馒头一样的淡积云，预示短期内天气晴好。

淡积云继续发展，可形成浓积云。浓积云云体高大，云顶呈重叠的圆弧形凸起，高度可达 3～5 千米或以上，云顶由许多此起彼伏的云泡组成，呈圆拱形，很像花椰菜，轮廓清晰，底部较平，个体臃肿、高耸，很像高塔，垂直厚度超过水平宽度，在阳光下边缘白而明亮。

浓积云

积雨云由浓积云发展而来。云体浓厚庞大，垂直发展旺盛，很像耸立的高山，顶部已冰晶化，呈白色毛丝般光泽的丝缕结构，云顶随云的发展逐渐展平成砧状或马鬃状。云下部由水滴、过冷水滴组成，中上部由过冷水滴、冻滴、冰晶

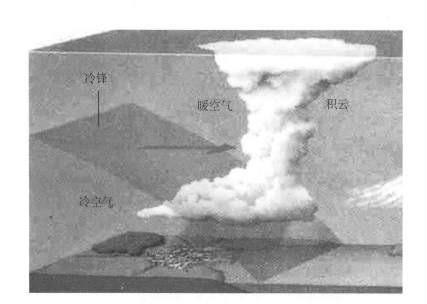

和雪晶组成,在发展最旺盛阶段还有不同尺度的霰粒和冰雹。积雨云中有强烈上升、下沉气流区,较大的上升气流速度可达30~35米/秒,正常气流速度可达10米/秒。

积雨去下方的雨幡

积雨云云底阴暗混乱、起伏不平,常呈滚轴状或悬球状结构。一般认为这是云内下沉气流将大团云块带至云底形成的悬垂状云体。这些下垂云体如果是由小水滴构成,很容易蒸发掉;如果由大水滴构成,则可以下垂到离母体较远的地方,成为发展良好的悬球状云。积雨云常伴有电闪雷鸣,裹挟着狂风暴雨,降下冰雹。有时会看到自云中下垂的雨幡,被称为"龙挂"。雨幡是云中下落雨滴未及地面就在空中全部蒸发后形成的,即有"空中降水",无地面降水。雨幡就是"空中降水"在云底形成的丝缕条纹状悬垂物,因悬垂物随云飘荡,形似旗幡,故得名。

4.2.2 层状云

层状云呈均匀幕状,由稳定气层中大范围空气缓慢斜升形成,常出现在锋面上,水平范围可达数百千米,甚至数千千米。云系的底部同倾斜的冷暖空气交界面大体一致,顶部近乎水平。层状云包括卷层云、高层云、雨层云和层云。

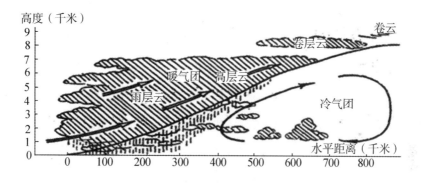

层状云示意图

卷层云为白色透明的云幕,有时云的组织薄得几乎看不出来,透过云层可见乳白色天空,日月透过云幕时轮廓分明,地物有影,常有晕环。有时丝缕结构隐约可辨,好像乱丝一般。卷层云逐渐增厚,高度降低,并继续发展,预示将有天气系统影响观测点,故有农谚"日晕三更雨,月晕午时风"。反之,卷层云云量逐渐减少,未来的天气将无大变化。中国北方和西部高原地区,冬季卷层云可以有少量降雪。卷层云可分为毛卷层云和薄幕卷层云。毛卷层云厚薄不很均匀,白色丝缕结构明显。薄幕卷层云云层很薄,且比较均匀,毛丝般结构不明显,云层分布在天空很不明显,有时误认无云,只因有晕,才证明其存在。

高层云为带有条纹或纤缕结构的云幕,颜色灰白或灰色,有时微带蓝色。云层厚度多在1500~3500米之间,可部分或全部布满天空。云层较薄部分,可看到昏暗不清的日月轮廓，看上去好像隔了一层毛玻璃；厚的云，底部较阴暗，看不到日月。由于云层厚度不一，因此各部分明暗程度也不尽相同。高层云由卷层云变厚或雨层云变薄而成；也可由蔽光高积云演变而成；在中国南方，有时积雨云上部或中部延展，也能形成高层云，但持续时间不长。高层云多由直径 5 ~ 20 微米的水滴、过冷水滴和冰晶、雪晶混合组成，可降连续或间歇性的雨、雪。若有少数雨雪幡下垂时，云底的条纹结构仍可分辨。高层云可分为透光和蔽光高层云。透光高层云云层较薄且均匀，呈灰白色，透过云层，日月轮廓模糊，好像隔了一层毛玻璃，地面物体无影，多在秋末到春初出现，如果逐渐增厚，6 ~ 12 小时可有小雨或小雪产生。蔽光高层云云层较厚，且厚薄不均，厚的部分隔着云层看不见日月，薄的部分比较明亮，可看出纤缕结构。

雨层云是厚而均匀的降水云层。云底高度通常在 600 ~ 2000 米之间，云层厚度一般为 3000 ~ 6000 米。北方和高原地区的雨层云中部由过冷水滴、冰晶和雪晶组成。雨层云常出现在暖锋云系中，有时出现在其他天气系统中。雨层云多数由高层云演变而成，有时也可由蔽光高积云、蔽光层积云演变而成。能遮蔽日月，呈暗灰色，云底经常出现碎雨云。雨层云覆盖范围很大，常布满天空。雨层云因云内水滴较大，所以反光强，看起来仿佛有微弱的光从云内发出似的。常有连续性雨或雪，即使不降水，也有大量雨雪幡下垂，使得云底显得混乱，没有明确的界限。农谚"天上灰布悬，雨丝定连绵"，指得就是雨层云降水。

层云是低而均匀的云层，云低距地面仅几十米至几百米，厚度一般在 400 ~ 500 米之间，常可将小山或高建筑物的顶部淹没，像雾但不接地，由直径 5 ~ 30 微米的水滴或过冷水滴组成，呈灰色或灰白色。层云为局地性云，水平范围 100 ~ 1000 千米。

上述前 3 种层状云由系统性上升运动引起，而层云则由乱流形成。在稳定气层中，乱流将热量下传，使乱流混合层上层降温、下层增温；并同时将水汽和杂质上传，使下层减湿、上层增湿。由于混合层顶之上空气不受乱流影响，温度少变，于是在混合层顶与其上空气间形成逆温层，称乱流逆温。乱流逆温之下（混合层顶）聚集的水汽和杂质，又增强了夜间此处的辐射冷却，加剧了降温过程。降温和增湿的双重作用，使混合层顶之处的水汽饱和发生凝结，形成层云。此

层云

外，层云也可由雾演变而成。夜间形成的雾，日出后，地面增温，近地面层稳定性减弱，乱流增强。乱流不仅使近地面层增温，还使其减湿。由于贴地层首先增温减湿，因此雾的底部首先蒸发消散，上部残余部分即为层云。雾和云并无本质区别，只是前者接地，后者悬空。层云日变化明显，形成于夜间，日出后气温逐渐升高，稳定层被破坏，层云也逐渐消散。云厚时日月光不能透过，云薄时日月轮廓清晰可辨，好似白色玉盘。层云可降毛毛雨或米雪，冬季降小雪，但无雨雪幡下垂。

4.2.3　波状云

波状云是由大气中波动气流形成的云。在波动层内，水汽充沛时，波峰处因空气上升冷却凝结成云，波谷处因空气下沉增温无云形成或使云蒸发变薄，从而形成波浪状排列的云条或云层。当同时产生于两个方向不同的气流波动时，由于波的互相干涉，云便分裂成孤立的扁球状或块状，成行成列规则排列。卷积云、高积云和层积云均为波状云，由不同高度的波动气流形成。

卷积云是由小片或球状细小云块组成的云片或云层，白色无暗影，有柔丝般光泽，常排列成行或成群，很像轻风吹过水面所引起的小波纹。云底高度一般在5000米以上，由冰晶组成。农谚"鱼鳞天，不雨也风颠"，指得就是卷积云，这种云是下雨或刮风的征兆。

高积云云块较小，轮廓分明，常呈扁圆形、瓦块状、鱼鳞片，或是水波状的

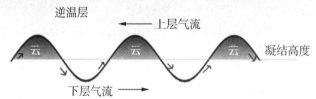

波状云及其形成原理示意图

密集云条，成群、成行、成波状排列。由微小水滴或过冷水滴与冰晶混合组成，可与高层云、层积云、卷积云相互演变。高积云一般云底高度在 2500 米以上。薄的云块呈白色，厚的云块呈暗灰色。日月透过薄的高积云时，常常能观测到由云中微小水滴或冰晶因对光的衍射而形成的内蓝外红的称为华的光环。农谚"瓦块云，晒煞人"，说的是高积云比较稳定，很少变化，预示晴天。如果高积云的厚度继续增厚，并逐渐融合成层，预示天气将有变化，甚至会出现降水。

　　层积云是由团块、薄片或条形云组成的云群或云层，常成行、成群或波状排列。云块个体都相当大。云层有时满布全天，分布稀疏，常呈灰色、灰白色。薄的层积云可看到太阳，

　　厚的层积云比较阴暗。层积云可由高积云、层云、雨层云演变而来，或由积云、积雨云扩展或平衍而成。云层厚度在 100 ~ 2000 米之间，由直径 5 ~ 40 微米水滴组成。中国冬季和高原地区的层云由过冷水滴、冰晶和雪晶组成。云底较低，当云层发展较厚时常出现短时降水。

4.2.4　特殊云

　　特殊云包括荚状云、堡状云和絮状云。

　　荚状云呈椭圆形或豆荚状分散在天空，轮廓分明，云块不断地变化着。云体

中间厚、边缘薄，云体中间呈暗灰色、边缘呈白色；遮挡日月光线时，会出现美丽的虹彩。荚状云是气流越山后在背风坡形成的波动气流所致。农谚"梭子云，定天晴"，指这种云如果云量少，变化不大，预兆短时期内天晴。

堡状高积云

堡状云是空气对流运动和稳定层相互作用的结果，远看并列在一线上，有一共同的水平底边，顶部凸起明显，凸起的堡状是在波状云基础上形成的，好像城堡。当波状云在逆温层下形成后，如果逆温层不太厚，且在逆温层下有对流和乱流发展时，较强的上升气流可以穿越逆温层，形成圆弧形云朵，和原有的波状云相连，形成堡状云。常见的堡状云有堡状高积云和堡状层积云。农谚"炮台云，雨淋淋"，指这种云出现预示将有不稳定的雷阵雨天气。

絮状云是由空中对流形成的云，具有积状云外形，云块大小不一，分散在天空，可出现在不同高度，没有底边。由于云块边缘部分与周围未饱和空气混合蒸发，因此云块边缘破碎，像破碎的棉絮团，呈灰色或灰白色。絮状云是在高空潮湿、不稳定气层中，由垂直气流切变形成的涡旋气流或水平气流辐合触发的空中对流所致，可出现雪幡。农谚有"朝有破碎云，午后雨淋淋"。由于该高度上气层不稳定，到了中午，低层对流一但发展，上下不稳定气层结合起来，可产生强烈上升气流，形成积雨云，产生雷雨或冰雹。

大气中的霜、露、云雾，是由水汽凝结（凝华）而成。水汽的凝结（凝华）过程，伴随着大气的冷却过程。大气中的冷却过程，有接触冷却（暖空气流经冷下垫面)、混合冷却(冷暖空气混合)、辐射冷却(夜间地面及云顶辐射冷却)、绝热冷却(空气上升冷却)等。辐射冷却可产生霜、露及辐射雾,混合冷却可产生锋际雾,接触冷却可产生平流雾,绝热冷却可产生云和上坡雾。相反,增温过程是水汽凝结蒸发消散的过程。日出后的太阳辐射增温,可使霜、露、雾蒸发消散;大气下沉运动增温,可使云滴蒸发消散。

不同的上升运动产生不同形状的云。由热力引起的对流上升运动形成积状云(又称对流云),系统性升上运动形成层状云,波动气流形成波状云。由于对流云上升速度较高、水平范围较小,因此降水强度较大,雨区范围较小,且为阵性降水;由于层状云上升速度较低、水平范围较大,因此降水范围大,雨强较小,持续时间较长,为连续性降水。

霜冻是一种灾害性天气。霜冻对作物的冻害不是因为有"霜",而是形成霜的低温。其实,霜在形成过程中因水汽凝华而释放潜热,对气温的下降还有一定的减缓作用。

雾也是一种灾害性天气。大雾不仅影响交通,由于雾总是和逆温层相伴出现,而逆温层又阻止上下层空气的质量交换,使污染物难以扩散,因此雾天时近地面层常聚集大量的污染物。空气中的二氧化硫在大气中被氧化后,与雾滴结合可形成硫酸雾,危及人体健康。

5 天空落下的雨雪冰雹

大气降水形态各异。落至地面时若是液态，那就是雨；若是固态，那就是雪或冰雹。

大气能产生各种各样的雨，有"湿衣看不见""润物细无声"的小雨，也有"雨色万峰来""雨如决河倾"的暴雨。降水粒子直径的大小，与云中上升气流的大小及云中水汽含量的多少有关。积状云中上升速度高，水汽含量丰富，可产生大雨甚至冰雹，因此大到暴雨和冰雹形成于夏季发展旺盛的积雨云中；层状云中上升速度低，水汽含量较小，产生的降水粒子直径也小。

雪的形成不仅和云层有关，还与地面气温有关。雪形成在层状云中，且地面温度在0℃附近。若地面温度较高，雪花落至地面附近会融化为雨滴。因此雪形成于冬季层状云中。

雨、雪、冰雹在不同的云中，经历了不同的成长过程。

5.1 雨滴和雪花的旅程

云和降水的区别在于，前者水汽凝结物悬在空中，后者水汽凝结（凝华）物落至地面。云中的水汽凝结（凝华）物之所以不能落地，是因为组成云体的云滴太小（半径10～100微米），不足以克服空气的阻力和上升气流的托举而悬浮在空中。只有当云滴体积增长到足够大以致上升气流不能支持时才能下降，并且在降落至地面的过程中不致被蒸发掉，才能形成降水。降雨形成的过程，也就是云滴（半径＜100微米）长成雨滴（半径≥100微米）的过程。

5.1.1　暖云降水形成

暖云是指云体内温度高于0℃的云。当上升气流携带凝结核和水汽到达一定高度后，空气因绝热降温使未饱和空气达到饱和或过饱和，水汽便在凝结核上凝结，产生云滴胚胎，并继续在上升过程中凝结增长成云滴。一旦云中形成较大云滴，将加速云滴向雨滴的转化。首先，大云滴表面的饱和水汽压小于小云滴表面的饱和水汽压，在云中水汽压介于二者表面饱和水汽压之间时，大云滴将继续凝结增长，小云滴将蒸发变得更小；其次，在重力作用下，大云滴随上升气流上升过程中会被小云滴追上，在下落过程中会追上小云滴，大云滴与许多较小云滴碰撞的结果，合并成更大云滴，这种增长过程称碰并（或冲并）增长过程，是水云中云滴的主要增长过程，可使云滴长成半径200微米甚至几毫米的雨滴。半径大于3毫米的雨滴在下降中会严重变形，有时会破裂成几个小雨滴。这些小雨滴又可能被上升气流携带上升，在云中继续碰并沿途云滴后，又长大成大雨滴。如此经历上升、长大、下落、破裂、再上升、再长大的连锁反应过程，称为朗缪尔连锁反应。这种连锁反应，使暖云在几十分钟内可生成数量够多、质量够大的雨滴。当上升气流和大气无法支持它们留在空中时，便会降落到地面，形成降雨。在低纬度地区，由于云中水汽含量丰富，暖性纯水云可形成降水，中、高纬度地区暖云中水汽含量较少，难以形成降水。

5.1.2　冷云降水形成

冷云是指云体上部温度低于0℃、云体下部温度仍可高于0℃的云，云体上部常是冰质粒、过冷却水滴、水汽三者共存。携有水汽、云滴（水滴）和冰核的上升气流，到达温度低于0℃的云体上部时，水汽在冰核上凝华并长大成冰晶、水滴变成过冷却水滴。在冰晶、过冷水滴、水汽共存条件下，由于冰面饱和水汽压低于水面饱和水汽压，当云中水汽压介于冰面和水面饱和值之间时（大于冰面饱和水汽压、小于水面饱和水汽压），因水汽对冰面过饱和，水汽会在冰晶上凝华，使冰晶长大；因水汽对水面不饱和，水滴将不断蒸发变小甚至消失。这种冰晶"夺取"水滴的水分和原来云中水汽的冰水转化过程，由瑞典学者贝吉龙

（Bergeron）首先提出，故称贝吉龙过程（或冰晶效应）。贝吉龙过程，可促使冰晶迅速长大。此外，由于冰晶与过冷水滴相撞时，过冷水滴会迅速在冰晶上冻结，加速冰晶增大速率，这种增长过程称为碰冻过程（或凇附过程）。在上升气流和重力作用下，冰晶不停地上升与下落，通过凝华、粘连（冰晶和冰晶、冰晶和雪晶、雪晶和雪晶相互碰撞时，可粘连在一起）、碰冻等过程，不断长大，可在几十分钟内产生大量直径超过 200 微米的大冰晶（称雪晶），然后降出云底。若气层温度高，便被融化形成降雨；若下面气温低于 0℃，便形成降雪，并且常常是 20～30 个雪晶粘连而成的雪花。如果云中上升气流特别强盛、云体发展非常强盛、过冷却水滴极多，冰质粒便可能碰并结凇成大雹块，形成降雹。

5.2　冰雹的成长经历

冰雹是坚硬的球状、锥状或不规则的固态降水，由透明层和不透明层相间组成，直径一般为 5～50 毫米，最大的可达 10 毫米以上。冰雹是一种严重的自然灾害，常砸毁大片农作物、果园，损坏建筑群，威胁人畜安全。

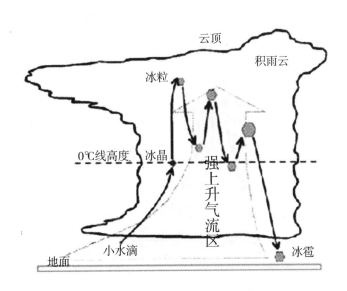

冰雹的形成示意图

降雹范围小，一般宽度为几十米到几千米，长度为二三十千米，故民间有

"雹打一条线"之说；历时短，一般只有 2 ~ 10 分钟，少数在 30 分钟以上。冰雹主要发生在中纬度大陆地区，通常山区多于平原，内陆多于沿海。中国的降雹多发生在春、夏、秋三季。

冰雹产生于发展旺盛的积雨云中，能产生降雹的积雨云称雹云。雹云分为三层：最下面一层温度在 0℃ 以上，由水滴组成；中间层温度为 0 ~ -20℃，由丰富的过冷却水滴及少量的冰晶和雪花组成；最上面一层温度在 -20℃ 以下，基本上由冰晶和雪花组成。在冰雹云前进方向，有一股十分强大的倾斜上升气流从云底进入、从云上部流出，这支上升气流的升速随高度呈抛物线分布，即上、下层升速相对低，中间层升速相对高。强烈倾斜上升气流携带的液态云滴在云体下部和中部不断凝结和碰并增长，至云上部被冻结为冰粒后，又开始凝华、粘连增长。由于雹云中水汽含量和上升速度水平分布不均匀，且云滴谱较宽（云滴间直径大小差别较大），因此被上升气流从云底带至云顶的云粒子尺度差别较大。在云顶处的强环境风，改变了这些冰粒子的命运。较小粒子被强风无情拖出云外升华，较大粒子在重力作用下挣脱高空强风"挟持"，在云前部仓皇降落，并继续凝华、粘连、碰冻增长，落至云前部倾斜上升气流后，再次随上升气流在云中穿行。这部分二进雹云腹部的冰粒子，就是冰雹胚胎或冰雹核。冰雹胚胎随上升气流进入云中过冷水累积带时，除凝华增长外，还碰冻过冷水滴迅速增大，至最高升速层以上，小冰雹边增大边缓慢降落，并在较低层又一次被卷入强大的倾斜上升气流中，又开始新一轮的增长过程，直到增长至上升气流托不住时，落至地面，形成冰雹。

冰雹的透明和不透明冰层，反映了冰雹在云中不同的增长环境。在气温较低、过冷水含量较小的云环境中，冰雹捕获的过冷水滴少，释放的潜热少，过冷水滴在冰雹上迅速冻结，水滴中的空气和水滴间的空气来不及逸出，形成包含有大量小气泡的不透明冰层。在气温较高、过冷水含量较大的云环境中，大量过冷水滴碰撞到雹块上，冻结过程释放的潜热来不及传导到空气中去，使雹块表面温度升到 0℃，一部分碰撞上去的水不能冻结，附在雹块表面形成一层薄水膜，这层水膜由里向外冻结较慢，水滴中的空气和水滴间的空气来得及逸出，形成透明冰层。前者为干增长过程，后者为湿增长过程。由于冰雹形成过程中在云中几起

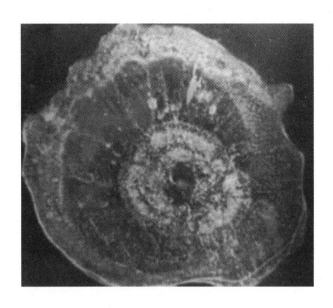

冰雹剖面图

几落，经历了具有不同温度和含水量的云环境，结果形成了透明冰层和不透明冰层相间的多层结构。

5.3　人工增雨防雹

1932年，美国化学家兼物理学家朗缪尔（1881—1957）在获得诺贝尔奖后，开始与化学家谢弗一起研究人工增雨。他的实验室中的人工云，由电冰箱中的水汽冷却形成。他们一边降温，一边往冰箱加入各种各样的尘埃微粒，试图寻找人工增雨催化剂。1946年7月12日，天气异常炎热，实验装置出现故障，冰箱中气温降不下来，谢弗就用干冰（固态二氧化碳）降温。当他不经意地把一块干冰投入冰箱后，他苦苦寻找的奇迹终于出现了：冰箱中人工云中的液态粒子变成了盘旋飞舞的冰粒，人工云已转化为霏霏飘雪。同年11月13日，谢弗乘单翼飞机在山地上空一过冷层云上部播撒干冰，实施人类首次对过冷云的科学催化试验。5分钟后，兰米尔在地面观测到几乎整个云都转化成冰晶云，并形成雪幡，在降落约600米后升华消失。受谢弗发现干冰成冰作用的启示，美国电气公司实验室研究组成员冯内古特开始关注冰的成核作用。当他了解到冰晶可在具有与其类似的晶体结构的物质上核化附生增长之后，曾查阅大量文献，寻找晶体结构与干冰相近又不溶于水的物质。1946 年 11 月 14 日，几经周折，冯内古特终于发现纯度较高的碘化银（AgI）有作为成冰异质核的突出效应，可在过冷水滴云中产生大量冰晶。之后，冯内古特还在碘化银烟剂发生法研究方面起到了先导作用。谢弗和冯内古特的伟大发现，开创了人工影响天气的新时代。

5.3.1　人工增雨

　　人工增雨，就是人工向未产生降水或降水量较小的云层中引入催化剂，促进云滴向降水粒子的转化过程，形成或增大降水。由于冷云和暖云降水形成的微物理过程不同，因此冷、暖云使用的催化剂也不同，前者使用干冰和碘化银，后者使用吸湿性物质。

飞机人工增雨作业

　　冰晶是冷云降水的发动者。一些自然冷云之所以不能降水，是因为云中缺乏冰晶。人工影响冷云的基本方法，就是利用飞机、高炮、火箭和烟炉向云中撒播干冰和碘水银等人工催化剂，使云中产生冰晶，发动降水形成过程，产生降水，达到人工增雨的目的。

　　干冰是通过致冷作用产生冰晶的。干冰是一种致冷剂，在大气常温常压下可自动升华，由于升华吸热，干冰表面温度可降至 −78.5℃。在云中加入干冰后，干冰迅速升华吸热，使周围空气急剧降温，当降至 −40℃时，云中过冷水滴将冻

高炮人工增雨作业

结成冰晶。冰晶通过凝华、粘连、碰冻过程，迅速增大为雪花，形成降水。

火箭人工增雨作业

　　碘化银微粒晶体和冰的晶体相似，大多是六角形，在 -15 ~ -4℃时可充当冰核。将碘化银微粒撒到 -4℃以下的冷云中后，云中水汽可直接在碘化银微粒上凝华成冰，云中过冷水滴和碘化银微粒相撞时也可立即冻结，形成冰粒。冰粒子的出现，加快了成雨过程，使未降水或降水量较小的云产生降水或增大降水

烟炉人工增雨作业

量。

暖云降水是大云滴发动的。一些自然暖云之所以不降水，是因为云中缺乏大云滴。在暖云中撒播盐粉、吸湿性凝结核、草木灰等，有利于吸收云中水汽后迅速成长为大水滴，经过不断并合形成降水。

5.3.2 · 人工防雹

17 世纪末，中国清代的《广阳杂记》就载有："夏五、六月间，常有暴风起，黄云自山来，必有冰雹，土人见黄云起，则鸣金鼓，以枪炮向之施放，即散去。"这是中国古代用土炮防雹的生动描述，也是中国劳动人民在实践中积累的防雹经验，尽管当时并不明白冰雹形成机制及炮击消雹原因。

20 世纪以来，随着降水理论的完善，人工防雹的思路更明确。由于云中过冷水是产生冰雹的重要条件，碰冻过程是冰雹胚胎长成冰雹的主要过程，因此切断或减少冰雹胚胎赖以成长的过冷水源，让处于饥饿状态的冰雹胚胎因食不果腹而难以长大成雹。

　　人工防雹的具体方法，就是用高炮或火箭将装有碘化银的弹头发射到冰雹云的适当部位，以喷焰或爆炸的方式播撒足量的碘化银，在云中过冷水层产生大量冰核，与自然云中冰雹胚胎争食过冷水滴，抑制冰雹胚胎长大，避免冰雹形成。

　　此外，用高射炮、土炮或火箭向雹云的中、下部轰击，可避免雹云降雹，但在下风方可降小雹或雨，这可能与《广阳杂记》所述"以枪炮向之施放，即散去"有异曲同工之妙。这种称"爆炸法"的防雹方法，防雹机制尚不清楚，可能是炮弹在云中爆炸后产生的冲击波，削弱了云中上升气流，使小冰雹因失去强上升气流的托举而从云中跌落。若小冰雹直达地面仍不融化，称为小雹；若在0℃层以下融化为水滴落至地面，称为雨。

　　雨，造福人类。春雨给大地带来生机，在中国北方，称"春雨贵如油"；久旱时的雨，被百姓称为"甘霖"。曾几《苏秀道中，自七月二十五日夜大雨三日，秋苗以苏，喜而有作》一诗中表现的久旱遇雨时，连衣服、床铺湿了也顾不得的欣喜若狂之情，正是百姓真实感情的写照："一夕骄阳转作霖，梦回凉冷润衣襟。不愁屋漏床床湿，且喜溪流岸岸深。千里稻花应秀色，五更桐叶最佳音。无田似我犹欣舞，何况田间望岁心。"然而，肆虐的暴雨造成的洪水泛滥，也危及人类生命。

　　雪，虽然有时会酿成一定灾害，造成"千山鸟飞绝，万径人踪灭"的肃杀景象，但更多时候却是"白衣天使"。雪是一道亮丽的风景："忽如一夜春风来，千树万树梨花开""雪似梅花，梅花似雪，似和不似都奇艳""六出飞花入户时，坐看青竹变琼枝""战退玉龙三百万，败鳞残甲满天飞"。雪同样可造福人类。"瑞雪兆丰年"的农谚，在中国流传已久；"冬天麦盖三层被，来年枕着馒头睡"的农谚，是中国老百姓多年观测实践的概括。由于雪层中空气较多，导热率小，因此冬雪覆盖农作物后，就像给农作物盖上一层"绝热被"，既阻挡地面热量外流，又阻挡冷空气入侵，可保护农作物免受冻害，安全越冬。积雪融化的水渗入土壤，还可为作物冬后生长储蓄水分。

　　冰雹，常砸坏庄稼，威胁人畜安全，是一种严重的气象灾害。甲骨文中就有占卜天会不会降冰雹的骨片，说明商代已经知道降冰雹会损害农作物，会给人们的生产和生活带来灾害。《诗经·终风》所描写的风很暴烈,天色阴沉沉,隐隐传来了雷声,这是降冰雹的天气预兆。

大气降水理论的不断完善,为人工影响天气奠定了理论基础。在合适的云层中人工撒播适量的催化剂,可促进降水形成的微物理过程,在云中产生或增加降水;在冰雹云过冷水累积带人工撒播过量催化剂,或炮击云体,可拟制冰雹形成。

随着大气探测技术的发展,大气降水理论将进一步完善,人工影响天气也将更加科学。

6 天空的闪光与炸响

每当天空黑云压城、狂风暴雨交加之际，浓黑的云底常伸出形似龙爪、树枝、球状或一字长蛇等形状的耀眼闪光，并发出惊天动地的炸响——电闪雷鸣，这就是雷电。

雷电是一种常见的自然现象，也是一种气象灾害。虽然它"恶迹"累累，罄竹难书，但它并非一无是处，对人类也有贡献。

世界上每秒钟大约会发生上百次闪电，在雷电发生的一瞬间，除了产生极强的电流和高温外，还产生大量的臭氧。臭氧是人类的朋友，大气中的臭氧层是地球上一切生物的保护伞，能使生活在地球上的生物免遭紫外线的危害。

雷电又能使广袤的田野中产生一种高效的天然肥料。雷电发生时，空气中的氮和氧会被电离后化合形成易被植物吸收的氮肥。氮和氧是空气的主要成分，但在常温条件下氮分子和氧分子难以化合。一旦氮分子被电离为氮原子，氮原子则可与氧分子化合成二氧化氮。自然界的闪电火花有几千米长，可电离许多氮分子，生成许多二氧化氮。二氧化氮溶解于雨水后变成浓度很低的硝酸。它一落到土壤中，马上和其他物质化合，变成有助于作物健康成长的化肥——硝石。有人计算过，闪电形成的化肥每年每平方千米土地上有 100～1000 克进入土壤。人工闪电制肥实验结果也表明，雷电确实起到了把空气里的氮"固定"到土壤里去的作用。

雷电也披着一层神秘的面纱。古往今来，雷电有许多传说，也留下了说不完道不尽的传奇。

6.1 雷电的传说、 传奇和揭秘

6.1.1 雷电的传说和传奇

千百年来，中国就有雷公电母的传说。雷公名始见《楚辞》，因雷为天庭阳气，故称"公"。雷公长得像大力士，坦胸露腹，背上生有双翅，脸像红色的猴脸，足像鹰爪，左手执楔，右手持锥，身旁悬挂数鼓，击鼓即为轰雷。雷公能辨人间善恶，代天执法，击杀有罪之人，主持正义。相传，最初雷鸣时，并不先发出电光。在误击一位孝顺贤惠的寡妇后，雷公痛心疾首，并立即奏请玉帝封这位寡妇亡魂为电母。从此，才出现了与雷公形影相随的电母。雷击之前，电母先放光，明辨世间善恶黑白，以免再误击好人。

神话传说中的雷公电母

薛福成为晚清名人，他的《庸庵笔记》应该不是讲述虚构的猎奇故事，而是记述他耳闻目睹的事情。其中记述的两件与雷有关的事，不乏传奇色彩。

其一，为《雷震总兵》。同治五年二月初六，也就是 1866 年 3 月 22 日，皖南总兵张志邦从金陵乘船由长江水路返回，途遇从上海置办军械乘船返回的熟人，因避风雨，两船同泊堤边。此时，已先有一舟停泊。突然，空中霹雳一声，先泊之船铁链缆索皆断，随水流飘离，而其余两船则被"摄起空际"，又一声霹雳轰击，两船"皆粉碎"，船上30余人同死，"其骨肉指节寸寸坠下，布满田野"，只有船户的妻、儿"堕地无恙"。薛福成是在挂帅镇压捻军的曾国藩幕府看到地方上报告的公文后，记录下此事。他也感到困惑：若说上天惩罚有"隐恶"之人，未必同死30余人都有隐恶；船上30余人同死，缘何船户妻儿能幸免？

其二，为《雷殛恶人》。同治七年（1868）岁末，合肥东南乡府大圩地方，有一贫人无以度岁，步行10千米告贷于戚友之家，得米数斗、钱两贯回家，途中迫于饥渴，敲开一户人家之门讨要水喝。这户人家姓张，丈夫在外做生意，妻子与一幼子在家，她可怜来讨者，留他用餐。邻居秃子系无赖之人，见张氏妇人"容留外客"，心想"必有他故"，便偷偷将来讨者放在门边的筐子担去，除得其钱米外，还想待这户男主人回来后借故敲诈。"贫人饭毕而出"，不见放置借来钱米之筐，"惶窘欲死"。女主人"又恻然悯之，遂给以钱米如原数"，并送给存装的器具，"贫人感泣而去"。几天后，这家男主人归来，秃子果真"布造蜚语，谓张妇有外遇"。丈夫恼怒之下，斥责其妻，"妇无以自明，遂自缢"。新年正月初四，"贫人感张妇之德，备微礼往其家贺年"，并归还器具，在得知妇死之事及其因由后，"遂痛哭，力白其诬"。张家男主人晓得真相后，痛悔万分，遂与来者同至妇坟前哭奠，且呼天告言"善人遭诬"。这时，"忽见黑云迷漫，迅雷骤作，霹雳一声，从空中摄秃子至坟前，跪而自诉其情甚详，然后击死。又霹雳一声，将妇棺自坟中掀出，棺开而妇遽苏，与其夫相见，恍如梦觉"。薛福成还特别说明，此事是一个叫蔡子方的官员亲口跟他说的，其人为合肥人，亲眼目睹其事，并告张妇仍然在世。

据所述情节，前则事中除两船被"摄起空际"、死尸碎得"骨肉指节寸寸坠下"等细节可疑外，两船毁、30余人死当为可信。后则记事中张妇怜贫、秃子诬人之事可能为真，但正月间有霹雳将作恶者摄至妇坟前击死，且将妇坟劈开，使葬后数日之人复活，却难以让人置信，尽管有所谓"目睹"者言之凿凿，恐怕也只是由善良人的愿望演绎出的离奇故事。"惩恶"之说，就连比薛福成早四个朝代的诗人李晔也不相信。"只解劈牛兼劈树，不能诛恶与诛凶"的诗句，正是唐代诗人李晔经观察之后对雷的认识和评价。

华夏第一部诗歌总集《诗经》中也有雷电的记录。《殷其雷》用滚滚雷声比兴，呼唤被逼久役在外的夫君尽早平安归来，这是爱的呼唤，盼郎归的喊声引得雷声轰鸣，天地为之动情。山南响起滚滚雷声，阵阵雷声炸响在山前，山下电闪雷鸣，引述地形条件、打雷地点来烘托期盼的心情。从描写中看出，那时人们对于容易形成雷雨的地方、活动地点及其与地形的关系，已有了一定了解。《终风》用比兴笔法写道：风起来了，而且来得很暴烈，天气变得灰蒙蒙，下起了黄土，接着是满天乌云遮住了阳光，天色阴沉沉，隐隐传来了雷声。这是《国风·邶风》中的一首诗歌，邶国旧址位于今天的河南汤阴，处在黄土高原下风方，在刮大风时会出现"雨土"，也就是今天说的扬沙、沙尘暴，乌云掩蔽日光，雷声远远传来，乃是天气变坏，或许是降下冰雹的预兆。诗歌以这些天气现象比兴，很好地衬托了《终风》悲怆的主题，写出了一位女子被男人玩弄嘲笑后遭弃的悲惨境遇。

雷电也确实留下许许多多传奇。

据《吉尼斯世界大全记录》，美国人 C. 沙利文，曾被雷击过 7 次而未致死：1942 年遭首次，大脚趾甲脱落；1969 年遭第 2 次，掉去了眉毛；1970 年遭第 3 次，左肩烧伤；1972 年遭第 4 次，头发被烧；1973 年开车途中遭第 5 次，头发又被烧，并被甩出汽车 10 米以外；1976 年遭第 6 次，被击伤脚踝；1977 年第 7 次，因胸、腹部受伤而住进医院。若不是此人在 1983 年因失恋而持枪自杀，还不知在其有生之年还会遭受多少次雷击之灾。他生前把几顶被雷电烧坏的牛仔草帽献给了吉尼斯世界记录展厅，留下了传奇般遭雷击的特别"纪念"。

在中国新疆和青海交界处，有一条长约 100 千米、宽约 30 千米的"恐怖谷"，这里天气变化无常，刚刚还是晴空万里，骄阳似火，突然便会乌云翻滚，雷电大作。20 世纪 80 年代一支地质考察队进入时，就目睹了这一幕，并付出了一位炊事员被雷击致死的代价。此外，江西省有个名叫"雷公坛"的小村庄，雷电频频光顾，击人毁屋。有些村民认为这里"风水"不好，惹得"雷公电母"发怒，对人惩罚，故不断烧香祭拜，跪祈神灵赐安，但雷灾照发不减。

由于古代难以了解雷电形成原因，出于对雷电的迷惑和畏惧，做出超自然神秘力量的想象和认定，形成千奇百怪、五花八门的神话和迷信，自然不足为怪。

6.1.2　揭秘雷电的先驱

人类探索自然的脚步一刻也没有停止过。1746 年，一位英国学者在波士顿利用玻璃管和莱顿瓶（莱顿瓶是荷兰莱顿大学物理学教授马森布洛克发明的，是一个可以用来储存电荷的玻璃瓶子）表演了电学实验。富兰克林怀着极大的兴趣观看了他的表演，并被电学这一刚刚兴起的科学强烈地吸引住了。随后富兰克林开始了电学的研究。富兰克林在家里做了大量实验，研究了两种电荷的性能，说明了电的来源和在物质中存在的现象。在 18 世纪以前，人们还不能正确认识雷电，雷电是"气体爆炸"的观点在学术界比较流行。在一次试验中，富兰克林的妻子丽德不小心碰到了莱顿瓶，一团电火闪过，丽德被击中倒地，面色惨白，足足在家躺了一个星期才恢复健康。这虽然是试验中的一起意外事件，但思维敏捷的富兰克林却由此而联想到空中的雷电。他经过反复思考，断定雷电也是一种放电现象，它和在实验室产生的电在本质上是一样的。于是，他写了一篇题为《论天空闪电和我们的电气相同》的论文，并送给了英国皇家学会。然而，他的真知灼见在学术界竟招来一片非议，有人甚至嗤笑他是"想把上帝和雷电分家的狂人"。

富兰克林并没有因此而灰心，他决心用事实来证明自己力排众议的见解。1752 年 7 月的一天，阴云密布，电闪雷鸣，一场暴风雨即将来临。富兰克林和他的儿子威廉一道，带着上面装有一个金属杆的风筝来到一个空旷地带。富兰克林高举风筝，他的儿子则拉着风筝线飞跑。由于风大，风筝很快就被放上高空。刹那，雷电交加，大雨倾盆。在一道闪电从风筝上掠过后，富兰克林立即用手靠近风筝上的铁丝（另一个说法是铜钥匙），顿时掠过一种恐怖的麻木感。他抑制不住内心的激动，大声呼喊："威廉，我被电击了！"随后，他又将风筝线上的电引入莱顿瓶中。回到家里以后，富兰克林用采集的雷电进行了各种实验，证明了天上的雷电确实与人工摩擦产生的电具有完全相同的性质。风筝实验的成功，使富兰克林在全世界科学界名声大振。英国皇家学会给他送来金质奖章，并聘请他担任皇家学会会员。他的科学著作也被译成多种文字。

关于这个"天电"实验，一直被人质疑，富兰克林本人也从未正式承认做过这个实验。"探索频道"的《流言终结者》节目通过人造环境模拟实验得出结论，如果按照传言中的方式用风筝引下雷电，富兰克林肯定会被当场电死，而不可能只是"掠过一阵恐怖的麻木感"。尽管对富兰克林是否做过风筝实验存在争议，但他确实是在1750年第一个提出用实验来证明天空中的闪电就是电的科学家，即使他做过风筝实验，也肯定不会和传言中的一样。

1753年7月26日，为了验证富兰克林的实验，俄国著名电学家利赫曼教授在屋顶安装了铁竿引雷装置，正当他在实验室仔细观察雷电引起的仪器指针变化时，不料一个雷突然袭来——他被击倒了。等他的学生罗蒙诺索夫闻讯赶来时，利赫曼已不幸为科学献出了生命。

6.2 雷电的形成

雷电是伴有闪电和雷鸣的一种雄伟壮观而又令人生畏的放电现象。雷电产生于发展旺盛的积雨云中，能产生放电的积雨云，又称雷暴云或雷雨云。雷雨云带电，云层上部为正电，下部为负电。一部分带电云层和另一部分带异种电荷的云层之间可产生闪电，雷雨云和地面也可以产生闪电，前者为云中闪，后者为云地闪。

6.2.1 闪电的过程

当雷雨云移到某处时，由于静电感应，雷雨云下方地面和地物上会产生与雷雨云相反的电。当雷雨云和地面之间的电压高到一定程度时，雷雨云与地面凸出物体之间就会产生放电，发生云地闪。

我们肉眼看到的一次闪电持续时间很短，然而其过程却非常复杂。云底电荷在电场力作用下向地面运动时，并非一步到位，而是分阶段时断时续地向地面俯冲。在云底首先出现一段被电离的气柱，并以平均150千米/秒的速度一级一级向下传播，像一条不断伸长的光舌。开始，光舌只有十几米长，经过千分之几秒甚至更短时间，光舌便消失；然后在同一条电离通道上，又出现一条较长的光舌（约30米长），转瞬之间又消失；接着再出现更长的光舌……，光舌在明灭之间

电闪雷鸣

步步向地面逼近。经过多次放电 - 消失的过程之后，光舌终于接近地面。因为第一个放电脉冲的先导是一个阶梯一个阶梯地从云中向地面传播的，所以叫"梯级先导"。梯级先导在接近地面凸出物时，从地面窜出耀眼的光柱与之汇合，称回闪。回闪以 5 万千米/秒的速度沿梯级先导开辟的电离通道，从地面驰向云底，发出光亮无比的光柱，历时 40 微秒，通过电流超过 1 万安培，也是主放电阶段。由于空气被连续电离的过程只发生在一条很狭窄的通道中，所以电流强度很大，以至空气通道被烧得白炽耀眼，出现一条弯弯曲曲的细长光柱。一次闪电由多次放电脉冲组成，每一次放电脉冲都由一个"先导"和一个"回闪"构成。相邻两次脉冲之间的间歇时间都很短，只有百分之几秒。由于第一次放电脉冲已打开从云底至地面的电离通道，因此第二次脉冲的先导就不再逐级向下，而是从云中直达地面，故称"直窜先导"。接着又类似第二次那样产生第三、第四次闪击。由于每一次脉冲放电都要大量地消耗雷雨云中累积的电荷，因而以后的主放电过程会愈来愈弱，直到雷雨云中的电荷储备消耗殆尽，脉冲放电方可停止。通常由 3～4 次闪击构成一次闪电过程，一次闪电过程历时约 0.25 秒。

若云中负电荷对地面放电，称负闪电；若云中正电荷对地面放电，称正闪电。

6.2.2 雷鸣的产生

由于闪电在窄狭的闪电通道上释放巨大的电能，通道中的空气急剧增温（可高达 15 000 ~ 20 000℃），因而空气急剧膨胀，紧接着又因膨胀而迅速冷却收缩。这种骤胀骤缩产生的空气振动发出的声音，即雷声。此外，在高压电火花作用下，空气和水汽分子分解可形成瓦斯，瓦斯爆炸时所产生的声音也是雷声。由于爆炸波的特性，多次放电及声音被多次反射，雷声隆隆不绝。

6.2.3 云中电荷的形成

根据大量科学测试，大地稳定地带负电荷，地球上空的电离层带正电荷。在地球静电场的作用下，雷雨云中的粒子被极化，上部带负电荷，下部带正电荷。云中较大粒子下沉与上升气流携带的中性小粒子碰撞时，一部分云粒子被较大粒子捕获，另一部分未被捕获的被反弹回去。被反弹回去的云粒子带走较大粒子前端的部分正电荷，并因此使较大粒子带上负电荷。小粒子较轻，被云中上升气流带至云的上部；较大粒子在重力作用下，滞留在云的下部，或落至地面形成降水。重力的分离作用，使雷雨云上部带正电，下部带负电。

冰中含有一定量的自由离子（OH^- 和 H^+），离子数随温度升高而增多。当冰的不同部位出现温度差异时，温度高的部分离子浓度大，且离子从高温端向低温端迁移。由于较轻的带正电的氢离子迁移速度较快、带负电较重的氢氧离子的迁移速度较慢，因此，在一定时间内就出现了冷端 H^+ 离子过剩的现象，造成了高温端为负、低温端为正的电极化。

雷雨云中有大量的冰晶、霰粒、过冷水滴。霰粒（或雹）由冰晶凝华及碰冻过冷水滴而成，由于凝华及冻结时释放潜热，霰粒温度高于冰晶。当冰晶与霰粒接触后又分离时，由于冰的热电效应，温度较高的霰粒就带上负电，而温度较低的冰晶则带正电。在重力和上升气流的作用下，较轻的带正电的冰晶集中到云的上部，较重的带负电的霰粒则停留在云的下部。

此外，过冷水滴与霰粒碰撞时，会立即冻结（即碰冻）。发生碰冻时，过冷水滴的外部立即结成冰壳，内部仍暂时保持着液态，并且由于外部冻结释放的潜热传到内部，液态过冷水的温度比外面的冰壳高。这种温度差异，使冻结的过冷水滴外部带正电，内部带负电。当内部也发生冻结时，云滴体积膨胀，外表皮破裂成许多带正电的小冰屑，随气流飞到云的上部，带负电的冻滴核心部分则附在较重的霰粒上，停留在云的中、下部。

大量观测事实表明，只有当云顶呈现纤维状丝缕结构时，云才发展成雷雨云。飞机观测也发现，雷雨云中存在以冰晶、雪晶和霰粒为主的大量云粒子。因此，霰粒生长过程中的碰撞、撞冻和摩擦等起电过程，很可能是雷雨云中大量电荷的主要起电过程。

6.3 闪电的形状

闪电的形状多种多样，有线状或枝状闪电、片状闪电、带状闪电、联珠状闪电、球状闪电等。

6.3.1 线状闪电

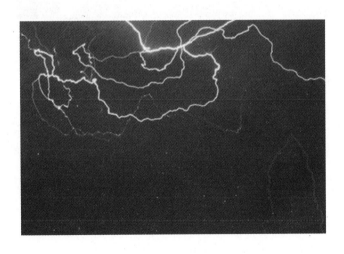

线状闪电

线状闪电或枝状闪电，是人们经常看见的一种闪电形状。它有耀眼的光芒和很细的光线。整个闪电好像横向或向下悬挂的枝杈纵横的树枝，又像地图上支流很多的河流。线状闪电与其他放电不同的地方是，它有特别大的电流强度，平均可以达到几万安培，在少数情况下可达 20 万安培。如此大的电流强度，可毁坏和摇动大树，甚至伤人。当它接触到建筑物时，常常造成"雷击"而引起火灾。线状闪电多数是云对地的放电。

6.3.2　片状闪电

片状闪电看起来好像是云面上的一片闪光。这种闪电可能是云后面看不见的火花放电的回光，或者是云内闪电被云滴遮挡而造成的漫射光，也可能是出现在云上部的一种丛集的或闪烁状的独立放电现象。片状闪电经常在云强度减弱、降水趋于停止时出现。它是一种较弱的放电现象，多数是云中放电。

片状闪电　　　　　　　　　带状闪电

6.3.3　带状闪电

带状闪电是由连续数次的放电组成的，在各次闪电之间，闪电路径因受风的影响而发生移动，使得各次单独闪电互相靠近，形成一条带状。带的宽度约为10 米。这种闪电如果击中房屋，可以立即引起大面积燃烧。

6.3.4　联珠状闪电

联珠状闪电看起来好像一条在云幕上滑行或者穿出云层而投向地面的发光点的连线，也像闪光的珍珠项链。有人认为联珠状闪电似乎是从线状闪电到球状闪电的过渡形式。联珠状闪电往往在线状闪电之后接踵而至，二者之间几乎没有时间间隔。

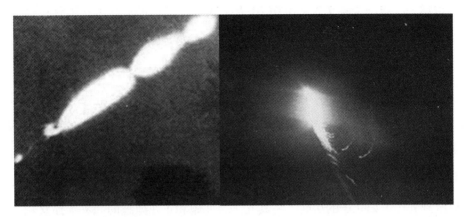

联珠状闪电   球形闪电

6.3.5   球状闪电

球状闪电像一团火球，有时还像一朵发光的盛开着的"绣球"菊花，约有人头那么大，偶尔也有直径几米甚至几十米的。球状闪电有时候在空中慢慢地转悠，有时候又完全不动地悬在空中；有时发出白光，有时又发出粉红色光。球状闪电"喜欢"钻洞，可从烟囱、窗户、门缝钻进屋内，在房子里转一圈后又溜走。球状闪电有时发出"咝咝"的声音，然后一声闷响而消失；有时只发出微弱的噼啪声而不知不觉地消失。球状闪电消失以后，在空气中可能留下一些有臭味的气烟，有点像臭氧的气味。

20 世纪 50 年代以来，人类共记录了 4000 多次球形闪电现象。

1981 年，一架"伊尔 - 18"飞机从黑海之滨的索契市起飞。当时天气很好，雷雨云距航线 40 千米。当飞机升到 1200 米高空时，突然一直径为 10 厘米左右的火球闯入飞机驾驶舱，发出了震耳欲聋的爆炸声后随即消失。但几秒钟后，它又令人难以置信地通过密封金属舱壁，在乘客舱内再度出现。它在惊乱一团的乘客头上缓缓地飘进后舱后，分裂成两个光亮的半月形，随后又合并在一起，最后发出不大的声音离开了飞机。驾驶员立即着陆检查，发现球形闪电进出的飞机头尾部各被钻了个洞，雷达和其他仪表失灵，但飞机内壁和乘客没有受到任何损伤。

据 1999 年 4 月 7 日的《羊城晚报》载：1999 年 3 月 16 日下午，湖北省枣阳市响雷震天，当场击毙9人，击伤20人。在这一罕见的群死群伤事件中，许多人看到一片移动的红光。气象学家指出，这就是落地雷打击地面时生成的球形闪电。

另一次惨绝人寰的球形闪电袭击事件，发生在湖南省隆回县的一户农民家里。1989年4月3日晚上，在一阵电闪雷鸣过后，一个篮球般大小的红色火球猛然击碎窗户玻璃，窜入这户郭姓农民卧室后，在床上飞舞滚动，郭姓夫妇顿感手足麻木灼热。之后，火球穿堂过室，在8个房间留下大小不等的碰撞痕迹。火球最后游到郭氏夫妇儿子的房间，将其儿子、儿媳和正在酣睡的一岁半孙女烧为灰烬，床上用品全部被烧毁，可是床框、床脚却完好无损。更为奇怪的是，放在床边的大立柜外表完好无损，而柜内衣物都化为灰烬。

据一位气象工作者观测记录：1962年7月22日傍晚，在泰山玉皇顶，天气骤变，一阵电闪雷鸣过后，一个直径约15厘米的殷红色火球，从窗缝潜入室内时将窗户的木条撕裂，然后火球以2~3米/秒的速度在室内游荡，大约经过3秒钟后，又从烟囱逸出。在即将离开烟囱的一瞬间，突然爆炸消失，气浪把烟囱削去一角，并将室内的暖水瓶胆震为碎片。

从历次球形闪电的活动情况看，它大多出现在雷雨交加的时刻或暴风雨前后，状似发光火球，中心极亮。这种火球的颜色多变，直径通常为10~40厘米。发生球形闪电的持续时间在几秒到几十秒之间。它常常以2米/秒的速度移动，有进有停，有时停留在半空中，有时降落地面。球形闪电出现时常伴随爆炸声，消失后会在空气里留下一股刺鼻的烟味。它虽是一个灼热的火球，但当它靠近一些易燃物体如树木、纸、干草时，并不起火灾，而在爆炸的一瞬间却可以烧掉潮湿的树木和房屋。如若落进水池，球形闪电会使水沸腾。它能轻而易举地破窗而入，又可从门缝、烟囱钻到房屋之内。

球形闪电到底是何种物质，至今一直没有明确答案。有人认为球形闪电是一种带强电的气体混和物，有人则推测是化学反应堆，还有人认为是一种氮氧化合物，更有学者说它是一团高度电离的空气囊。以上诸种说法，都有待于科学研究的证实。

现代科学对球形闪电主要有如下两种解释。有些学者认为是化学过程引起的。在线形闪电发生时，由于闪电通道里的空气温度极高，能将空气中的水分电解为氢气和氧气。在一些外界条件作用下，闪电通道分裂成几块，组成一些含氢和含氧的气团，当这些高温气团冷却到3500℃时，氢氧气团便化合成水，并释放出能量，类似一种爆炸。另一些学者则认为，球形闪电之所以存在如此长时间，是因为它吸收了线形闪电的超短波辐射，当它把这部分能量释放出来时，便会发生爆炸。

据英国《自然》杂志报道，多年来一直困扰科学家的球形闪电之迷，已被新西兰坎特伯雷大学科学家阿伯拉翰森和戴尼斯揭示。他们认为，球形闪电是硅燃烧发光所致。当土壤被雷电袭击后，会向大气释放含有硅的纳米微粒，来自雷电袭击的能量以化学能的形式储藏在这些纳米微粒中，当达到一定高温时，这些微粒就会被氧化并释放能量。研究人员将土壤样品暴露于跟闪电过程一样的条件下，便会产生含有硅的纳米微粒，其被氧化的速率与球形闪电平均10秒的生命周期是一致的。

也许，人类揭开球状闪电的谜底已指日可待。

6.4　雷电的危害和预防

雷电，是一种自然灾害。在酷热的盛夏，正是雷电肆虐之时。每当黑云压城之际，一条条耀眼的银蛇在天空飞舞，一阵阵震耳的雷声从天空滚过，随之而来的除了狂风暴雨外，还有那一桩桩令人心悸的灾难事件。

6.4.1　触目惊心的雷电灾害事件

据中国气象局统计，中国每年有将近1000人因遭雷击而死亡，雷击造成的直接经济损失近10亿元，雷电灾害危害程度已成为仅次于暴雨洪涝、气象地质灾害的第三大气象灾害。

1987年3月26日，美国国家航天局在卡纳维拉角基地利用大力神/半人马座火箭发射海军通信卫星时，雷击导致星箭俱毁，损失高达1.7亿美元。

1989年8月12日上午9时55分，山东省青岛油库5号罐遭雷击起火，引爆了 1 至 4 号罐，大火持续燃烧了 104 个小时，造成 19 人死亡、78 人受伤，烧耗原油 3.6 万吨，直接经济损失 3540 万元，间接经济损失 8500 万元。

1996 年 2 月 6 日，一架满载游客的波音 757 客机在多米尼加北部加勒比海遭雷击后坠入大西洋，机上 176 名乘客、13 名机组人员无一生还。

2000 年 10 月 4 日，广东省佛山市永新综合加工厂遭雷击引起火灾，机器设备及库存珍珠棉几乎全被烧毁，工厂被迫倒闭。

2001 年，广东省惠州市秋长镇元翔化工厂雷电袭击引发爆炸，造成 8 人死亡、14 人受伤，厂房基本全毁。

2004 年 6 月 26 日，浙江省台州市临海市杜桥镇杜前村有 30 人在 5 棵大树下避雨，遭雷击，造成 17 人死亡、13 人受伤。

2004 年 7 月 23 日下午，数十名在居庸关长城 8 号敌楼（烽火台）躲雨的游客遭到雷击，其中 4 人当场昏迷，至少 15 人被击伤。

2007 年 5 月 23 日 16 时 34 分，重庆市开县义和镇政府兴业村小学教室遭遇雷电袭击，造成四、六年级学生 7 人死亡、44 人受伤。

2008 年 6 月 23 日，浙江淳安县文昌镇丰茂村附近的杨梅岛，一艘正在靠岸的船只被雷电击中，造成了 3 死 4 伤的重大雷击伤人事件。

2009 年 6 月 4 日，广东省顺德高黎社区一住宅工地，8 名工人在临时搭建的工棚内避雨时，突遭雷击，当场致 4 人死亡、1 人重伤、1 人轻伤。

2012 年 5 月 19 日 19 时 15 分，四川省西昌市磨盘乡铁匠村五台山发生雷击，造成五台山村民 3 人死亡、3 人受伤；同日，西昌市荞地乡九道村一组因低压架空输电线遭受雷击，造成 2 人死亡、9 人受伤。

据中国气象局全国雷电灾情报告，仅 2007 年 6 月，雷电就造成 15 次火灾，158 起雷击人员事故，死 178 人、伤 125 人。

其中，内蒙古自治区发生 4 起雷击事件：3 日 19 时左右，科左中旗宝龙山镇宁营子嘎查村民谢百岁和其儿子谢海青在自家牧圃遭雷击，当场死亡；11 日 15 时，赤峰市巴林右旗大板镇，雷电击中雷管串联线，引起爆炸，造成 2 死 3 伤；11 日 15 时 30 分，扎兰屯市达斡尔乡发生雷击事件，4 人在田间耕作避雨时，3 人遭雷击当场死亡、1 人受重伤；25 日 15 时，赤峰市松山区出现雷暴天气，穆家营子镇单家沟村在山坡上施工建房的工地遭到雷击，4 人中 3 人当场震昏、1 人当场死亡。

江西省发生 6 起：19 日，高安县伍桥镇学山上流村胡邹凡和独城镇鹿江庄上村杨桂珍遭雷击身亡；21 日 19 时，吉安万安县枧头镇珠山村因雷击致 1 户 3 人死亡；24 日 15 ~ 18 时，上饶余干县瑞洪镇因雷击 3 人死亡，3 人受伤；24 日 17 时 30 分，上饶鄱阳县芦田乡韩皮村 5 村民在田间插秧时遭雷击，造成 2 死 2 伤；24 日下午，新建县共发生 4 起雷击身亡事故，造成 4 人死亡；25 日 17 时，上饶鄱阳高家岭镇积谷村发生雷击事故，有 4 位村民在野外排灌站躲雨时遭雷击，造成 2 死 2 伤。

福建省发生 5 起：3 日 14 时许，漳浦县绥安镇溪南村男村民柯学文在自家田地劳作，被雷击中当场死亡；7 日 12 时，适中镇坂寮村一谢姓农妇在田间插秧时被雷击中当场死亡；25 日 15 时左右，罗源县一名男青年在树下躲雨，遭雷击身亡；25 日 15 时左右，长汀县濯田镇东山村 8 名村民在赤岭山干活时被雷击中，8 名村民全部瘫软在地，其中一名村民双腿被雷击伤，并送往医院救治；27 日，尤溪县梅仙镇诚明金属冶炼公司的电焊工金某在厂房里遭雷击，经抢救无效死亡。

广西自治区发生 14 起：1 日 11 时，贺州市八步区公会镇建新村谢某及其妻小 3 人在小山坡一塑料棚内躲雨时遭雷击，其妻杨某被雷击中身亡，谢某及小孩当即昏迷，经抢救后苏醒；1 日 14 时 30 分，桂林市荔浦县大唐镇富德村老网屯上山割松脂的村民韦庆安在回来的路上，遭雷击当场死亡；1 日 18 时，柳州市柳江县百朋镇白诺村水龙屯大兰弄山坡上发生雷击，在简陋工棚里的农民工石开贤被击身亡，死者之妻和附近的另一农民工同时被击倒地，但没有留下明显外伤；2 日 17 时，贵港市平南市丹竹镇赤马村委溪头村 2 队戴世新在葫芦岭头被雷击致死；3 日 14 时 20 分，玉林市北流市六麻镇上合村水表组的两名群众在山上避雨时遭雷击死亡；4 日 17 时 35 分，贺州市八步区桂岭镇西山村村民李秀先在山上放牛时，人牛均被雷击身亡；4 日 15 时，来宾市武宣县二塘镇七星村村民黎洪兴在野外放牛，不幸被雷击中，当场死亡；4 日 10 时 39 分，河池市罗城县东门镇横岸村下勒蒙屯 69 岁的吴长展到稻田找自家鸭时，在田埂遭雷击身亡；4

日 15~16 时，贵港市平南市丹竹镇东山村委葛塘岭村一妇女在田间劳作时被雷击致死；4 日 16 时 30 分，玉林市北流市西琅镇良村的一名群众上楼顶关门时被雷电击中后死亡；6 日，防城港市东兴市竹山镇竹山 5 队一居民海上作业时被雷击致死；7 日上午 10 时 20 分，柳州市柳城市东泉华侨经济管理区茶农黄东明在茶地采茶时遭雷击，经抢救无效死亡；9 日 20 时 10 分，崇左市天等县福新乡康苗村启莫屯发生雷击事故，造成正在该地放牛的两个小孩（1 名 12 岁、1 名 6 岁）当场死亡；27 日，北海市银海区福成镇发生雷击事故，造成 1 死 1 伤。

这笔笔雷电伤害人类的记录，令人触目惊心。

6.4.2　雷电的危害

雷电的危害，有直击雷危害、静电感应危害、电磁感应危害。

在雷暴活动区域内，雷云直接通过人体、建筑物或设备等对地放电所产生的电击现象，称为直接雷击。

直击雷危害：直击雷击中目标时，强大的雷电流转变成热能，雷击点温度可达 6000~10000℃，甚至更高，将灼伤人体，引起建筑物燃烧，使设备部件熔化；在雷电流通道中，空气受热剧烈膨胀，产生强大的冲击性机械力，可使人体组织及建筑物结构、设备部件等断裂破碎。

静电感应危害：由于静电感应，雷雨云将会在架空明线上感生出正负相反的电荷，这些感生电荷与云中电荷之间因电力线作用而被束缚。当雷云对地放电或对云间放电时，云层中的电荷在一瞬间消失（严格说是大大减弱），而在线路上感应出的一瞬间失去束缚的电荷，在电场的作用下，可在线路中产生大电流，损害电气设备。

电磁感应危害：直接雷击时，雷电流变化梯度很大，可产生强大的交流电磁场，使周围金属构件产生感应电流。这种电流可向周围物体放电，如附近有可燃物，就会引发火灾和爆炸，如感应到正在联机的导线上，对设备产将生强烈破坏作用。

6.4.3　雷电的防御

细心的富兰克林观察到，闪电和电火花都是瞬时发生的，且都集中在物体的尖端。他由此想到，如果将带尖的金属杆装在屋顶之上，再用电线把金属杆和地面相连，不就可以把云中的电引到地下来吗？经过多次试验，他终于制成了避雷针。他把几米长的铁杆，用绝缘材料固定在屋顶，杆上紧拴着一根粗导线，一直通到地下面。当雷电袭击房屋的时候，雷电流就沿着金属杆通过导线直达大地，可使房屋免遭雷击。1754 年，避雷针开始应用。但是，教会却把它视为不祥之物，声称装上了富兰克林的这种东西，不但不能避雷，反而会引起上帝的震怒而遭到雷击。在费城等地，一些拒绝安置避雷针的高大教堂在雷雨中相继遭受雷击，而比教堂更高的建筑物由于已装上避雷针，在雷雨中却安然无恙。后来那些猛烈攻击避雷针是侵害神意的教会，也不声不响地在教堂上安装了避雷针。

避雷针具有防直击雷的功能。根据电荷密度与导体表面形状的关系，在凹陷部位电荷密度接近零，在平缓部位较小，在尖端部位最大。当带电云层靠近建筑物时，建筑物会感应上与云层相反的电荷，而且这些电荷会聚集到避雷针的尖端。通常，空气是不导电的，但是如果电场特别强，空气分子中带电的正负离子将被方向相反的强电场力"撕"开（电离），形成自由移动的电荷，空气就可以导电了。由于感应电荷密度最大的避雷针与云层间的电场最强，因此二者间空气最容易被电离，最容易形成雷电通道，也就是说，避雷针是雷电袭击的首选目标，避雷针具有引雷作用。正是这种舍身引雷作用，才使建筑物免受直接雷击。当然，避雷针并不是盲目引火烧身，首先，它本身聚集的电荷可中和一部分云中电荷；其次，未被中和部分又可沿避雷针与大地相连的导线流入大地。因此，要使避雷针起避雷作用，必须保证尖端的尖锐和接地通路的良好，一个接地通路损坏的避雷针将使建筑物遭受更大的损失。

避雷针虽可防直击雷，但对感应雷（由雷电静电感应、电磁感应产生的电压及电流）却无能为力。由雷电产生的感应电压及电流，虽威力远不及雷电威力，但足以损坏计算机等弱电设备。因此，在室外采取防直击雷措施的同时，还应对建筑物内的计算机、程控电话机、电梯等弱电设备采取防感应雷措施。

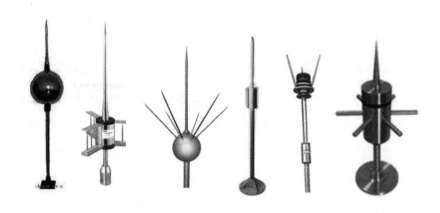

避雷针

此外，雷电发生时，还应注意人身安全，采取自我保护措施。

雷雨时在室外的人，若无法躲入有防雷装置的建筑物，应远离树木、电线杆、烟囱等高耸、孤立的物体，不宜在铁栅栏、金属杆上晒衣绳、架空金属体以及铁轨附近停留；不宜进入无防雷装置的棚屋、岗亭等低矮建筑物；远离输配电线及架空电话线缆等。如找不到合适的避雷场所，应找一块地势低的地方，尽量降低重心及减少人体与地面的接触面积，可蹲下，双脚并拢，手放膝上，身体向前屈，切不可躺在地上，如能披上雨衣，防雷效果会更好；蹲下避雨时，最好将身上金属物摘下，放在几米距离之外。不要使用有金属尖端的雨伞，不要把铁锹等农具扛在肩上。切勿游泳及水上作业或运动；不宜进行户外球类、攀爬、驾骑等运动；不宜骑摩托车、骑自行车赶路，打雷时切记不要狂奔。

雷雨时在室内的人，一定要关好门窗；尽量远离金属门窗、金属幕墙或有电源插座的地方，不要站在阳台上，也不要赤脚站在泥地或水泥地上，最好脚下垫上不导电的物品或坐在木椅上；更不要靠近、触摸任何金属管线，包括水管、暖气管、煤气管。房屋如无防雷装置，最好不要使用任何家用电器，包括电视、计算机、收音机、电话、洗衣机、微波炉等，最好拔掉所有的电源线、网线和电话线。需要特别注意的一点是，雷雨天不要使用太阳能热水器洗澡。

雷电是一种自然现象。能产生雷电的云称雷雨云。雷雨云上下层带有不同符号的电荷。当雷雨云移到某处时，由于静电感应，雷雨云下方地面和地物上会产生与雷雨云相反的电。当雷雨云和地面之间的电压高到一定程度时，雷雨云与地面凸出物体之间就会产生放电，发生云地闪。闪电在窄狭的闪电通道上释放的巨大电能，可使通道中空气温度增至 15 000～20 000℃。受热空气急剧膨胀后又因膨胀而迅速冷却收缩，这种骤胀骤缩产生的空气振动发出的声音，即雷声。

雷电是一种气象灾害。据中国气象局统计，中国每年有将近 1000 人因遭雷击而死亡，雷击造成的直接经济损失近 10 亿元，雷电灾害危害程度已成为仅次于暴雨洪涝、气象地质灾害的第三大气象灾害。

雷电的危害，有直击雷危害、静电感应危害和电磁感应危害。避雷针虽可防直击雷，但对感应雷（由雷电静电感应、电磁感应产生的电压及电流）却无能为力。由雷电产生的感应电压及电流，虽威力远不及雷电威力，但足以损坏计算机等弱电设备。因此，在室外采取防直击雷措施的同时，还应对建筑物内的计算机、程控电话机、电梯等弱电设备采取防感应雷措施。

7 大气中的光学奇观

大气并不发光，但它能对通过大气层的太阳和月亮光线选择性吸收、散射、反射、折射、衍射等，改变原来入射光线的传播路径和颜色，变幻出绚丽迷人的光学景观。蓝天，白云，红霞，宝光，蜃景，七彩虹，日月晕……无不是大气的杰作。

自古以来，大气光学现象就引起人们的注意。中国远在 3000 多年以前的殷墟甲骨文中，就有关于虹的记载，《诗经》中"朝脐于西，崇朝其雨"，就是指早晨太阳东升时，如果西方出现了虹，到中午就要下雨了。关于晕、宝光环、海市蜃楼等大气光象，中国古代都有观测和解释。

19 世纪末，英国科学家瑞利首先解释了天空的蓝色，建立了瑞利散射理论。20 世纪初，德国科学家米从电磁理论出发，进一步解决了均匀球形粒子的散射问题，建立了米散射理论。这两个理论能够解释许多大气光象。20 世纪 60 年代激光的出现，使光学大气遥感得到迅速的发展。以激光大气遥感为重点的光学大气遥感，已发展成为大气遥感的重要分支。卫星遥感对大气透明度的要求，吸收光谱法和激光光谱学的发展，也有力地促进了高分辨率大气吸收光谱的研究。

7.1 装点大自然的蓝天、 白云、 红霞

蓝天、白云、彩霞，构成了一幅美丽的自然图画。这些色泽既离不开太阳的恩赐，也离不开大气鬼斧神工的雕琢。

7.1.1 蔚蓝的天

如果太阳光线遇到直径比自己波长还小的空气分子时，太阳光将被空气分子

向四面八方散射。由于分子对光的散射作用首先被英国物理学家瑞利发现，故分子散射又称瑞利散射。分子散射有选择性，波长越短的光越容易被分子散射，波长越长的光越不容易被分子散射。因此，在太阳的可见光谱中，波长最短的青蓝紫光是空气分子散射的首选。

　　一场雨后，空气会格外清新，天空会格外湛蓝。空气清新，是因为雨水冲刷了空气中的灰尘杂质。天空湛蓝，是因为雨水排除了空气中大量杂质对太阳光的干扰，几乎靠空气分子一己之力，为天空抹上了蓝色。物体的颜色是由它反射光的颜色决定的。空气分子优先选择青蓝紫光散射的特性，使它们成了天空中的"蓝色光源"。正是这数不清的"蓝色光源"，把天空装点成蓝色。

7.1.2　橙红的霞

　　朝霞和晚霞被染成橙红色，也不完全归功于太阳，大气分子同样功不可没。我们看到的霞光，是云反射的太阳光。太阳光是白光，云反射的太阳光自然也是白光。为什么挂在东天的朝霞和挂在西天的晚霞反射的太阳光，从天边到观测者眼中，已面目全非了呢？首先，它们所经之路比垂直光的路途遥远，垂直光可由太阳直达地面，霞光从太阳至云层被反射后，还要沿地球表面长途跋涉，才能进入观测者眼中；其次，空气质量集中在下层，越靠近地面，空气密度越大，霞光在地面上穿越的正是空气密度最大层。在遥远的路途中，经众多空气分子前赴后继地围截和散射，等观测者看到远道而来的霞光时，已不再是白光，而是几乎滤去青蓝紫等短波光的红橙黄光，所以我们眼中的霞光为橙红色。

　　正是因为红光在大气中穿透力强、传播远，所以交通危险警示灯、汽车危险警示灯、施工危险警示灯以及铁路信号灯均采用红色。

　　遇到沙尘天气时，天空就不再那么湛蓝，而是一片灰黄。因为被风卷入空中的沙尘粒子尺度远大于太阳可见光波长，它不再选择散射太阳光，而是不分青红皂白地向四面八方反射所有的入射光。这种粗粒子散射，又称漫反射或漫射。由于沙尘集中在对流层下层（乱流混合层），到达乱流混合层的太阳光中的青蓝紫光经高层大气分子散射已被削弱，被沙尘漫射的太阳光的主成分由可见光中的黄红等长波光组成，因此天空呈灰黄色。

7.1.3 洁白的云

人们常说，一朵朵白云。只有挂在高空的云呈朵状且云层较薄时，才呈白色。云呈朵状且云层较薄时，不仅云边缘处粒子可漫射太阳光，太阳光穿过云层时云中粒子也可漫射太阳光。由于漫射对光的波长无选择性，入射为白光时漫射的亦为白光，因此挂在高空的云朵呈白色。

洁白的云

如果云层布满天空且很厚时，云顶几乎把入射的太阳光全部反射回太空，云底因不见阳光而呈乌黑色，此时的云已不再是白云，而是乌云。

7.2 半红半紫挂天腰的虹

虹，是一条外红内紫的七彩光环，是大自然的奇观，曾引得无数文人竞折腰："碧水贯街千万居，彩虹跨河十七桥""谁把青红绒两条，半红半紫挂天腰""赤橙黄绿青蓝紫，谁持彩虹当空舞""断涧迎风撒碎玉，雾雨当空飞彩虹""千丈虹桥望入微，天光云影共楼飞"……诗美，是因为虹美；美丽的虹，孕育了美丽的诗。

文学家赞美其形美色艳，物理学家则探究其来龙去脉。

1637 年，法国科学家笛卡儿就发现，虹是空气中的水滴对太阳光折射和反射的结果，但他未能解释虹的颜色和按一定顺序排列的原因。

1667 年，英国物理学家牛顿发现太阳光通过三棱镜时会被分解成红、橙、黄、绿、青、蓝、紫七色顺序排列的彩色光带，圆满解释了虹的成因。

虹在背对太阳而立时才能观察到。在夏日的傍晚，西方放晴而东方天空有云雨时，最易看到虹。当太阳光平行地照射到与太阳相对的另一半天空中的水滴并进入水滴时，要发生折射。由于太阳可见光中所包含的七色光折射率不同（由小到大依次为红、橙、黄、绿、青、蓝、紫），因此进入水滴中的可见光经折射后，被分成红、橙、黄、绿、青、蓝、紫七种颜色的光。被分色的光大部分穿过水滴后壁继续前行，只有少部分被水滴后壁反射后从前壁出来并再次发生折射。就是这部分从水滴前壁进（的白光）又从前壁出的（七色）光，形成了色泽艳丽的七彩虹。

经历水滴折射、内反射后的出射光中，多数比较暗淡，不易觉察到，只有偏离原阳光入射方向的角即偏向角（阳光入射光线顺时针方向与出射光线的夹角）最小时，出射光才最集中、最明亮。射入背对太阳而立的观测者眼帘中的虹，正是由以最小偏向角从水滴中出射的七色光束组成。

阳光中的红光最小偏向角最小，为 137°42′（约 138°），即以最小偏向角从水滴中出射的红色光线与地面的夹角（即仰角）约为（180° − 138°）42°；紫光的最小偏向角最大，为 139°24′（约 140°），即从最小偏向角出射的紫色光线与地面的夹角（即仰角）约为（180° − 140°）40°。当太阳光照射到对面雨（云）幕上时，凡是从以观测点为顶点并与轴（人眼和太阳中心的连线）成 42°的圆锥体表面上水滴出射的红光、从与轴成 40°圆锥体表面上水滴出射的紫光以及从介于这两个圆锥面之间水滴出射的橙、黄、绿、青、蓝等色光组成的彩色光环（均为以最小偏向角从水滴中出射的光），正好（半环）进入观测者眼中。这就是我们看到的虹。因此，虹是一个彩色光环，由外环至内环光序依次为红、橙、黄、绿、青、蓝、紫。观测者在不同高度看到的虹，虽然（最大）仰角都是 41°左右，但却不是同一条虹，而是由从不同水滴出射的七色光组成的。

通常，我们很难看到完整的环形彩虹，只能看到半弧彩虹，因为另一半在地平线之下。如果站在视野开阔的高山之巅，则可将环形彩虹尽收眼底。

　　虹是日照雨（云）幕的产物，并且总是出现在太阳对面的雨（云）幕上，当太阳高度角太大（大于42°）时，彩虹在地平线以下，我们将无法看到。因此，只有在雨后"斜阳"时，太阳对面雨（云）幕上出现的虹才能进入我们的视野。

　　虹的色彩和宽度与水滴大小有关。水滴愈大，虹带愈狭窄，色彩愈鲜明；水滴愈小，虹带愈宽，色彩愈暗淡。水滴过小，则不可能出现虹。

　　有时在虹的外侧还能看到第二道虹，光彩比第一道虹稍淡，色序是外紫内红，这就是副虹或霓。

虹与霓

　　霓和虹的不同之处在于光线在水滴内产生二次内反射，即光线从水滴下部入射，经下部后壁反射至上壁，再由上壁反射至前壁下部出射。由于从最小偏向角出射的红色光线与地面的夹角（仰角）为50.67°，紫色光线的为53.6°，因此霓的半径视张角（半径两端与观测者连线间的夹角）约52°（虹约41°），且光序与虹相反，外紫内红。因为形成霓的光经两次内反射，所以霓的光泽较弱、较淡。

　　虹对未来天气变化具有一定的指示意义。天气谚语"东虹日头西虹雨"有一定的道理。在中高纬度，天气系统一般自西向东移动。因为虹是日照（云）雨的产物，因此，虹在西方，表明西面有云雨；虹在东方，表明雨区已东移，本地天气将晴好。

7.3 环绕日月的七彩光环

当日月之光穿过薄薄的云层时，常常在云幕上产生围绕日月的彩色光环。这些奇妙的自然景观，曾被文人书写，摄影家定格，画家描绘。

7.3.1 绮丽的华

华是环绕在日月周围的彩色光环。太阳外面的华叫日华，月亮外面的华叫月华。因日光太亮，人们不易观察到日华，月华则比较常见。华的色带排列与虹类似，也是内蓝外红，只是各色的清晰度和鲜艳度远逊于虹。

日月在薄云上形成的紧贴日盘或月盘的华，得益于光的衍射。

华

几何光学表明，光在均匀媒质中按直线定律传播，在两种媒质的分界面按反射定律和折射定律传播。但是，当光遇到障碍物且障碍物线长（直径）和光的波长相当或小于光的波长时，光将离开直线路径，绕开障碍物，进入直线传播定律所划定的几何阴影区，这种现象称光的衍射现象。光的衍射表明，光具有波动性。

根据惠更斯－菲涅耳原理，波源发散出去的每一个波的波面上的任意一个点，都可以看成新的波源。当波面到达障碍物边缘时，就会在边缘处形成新的波源。新的波源产生的波，将绕过障碍物，形成以障碍物为圆心的环形波向前传播。

若天空中有透光薄云，云粒子大小均匀且线长小于等于光波波长，日（月）光通过云层时，光波将从障碍物——云滴边缘绕过，在云滴后（下）面形成以日（月）点为圆心的彩色衍射光环——华。

月环

衍射并不具有折射那种将白光分成七色光的本领，但却能产生"分色"效果。衍射产生的环形波纹宽度与光的波长有关，波长越长，衍射波纹越宽。在衍射形成的彩色华环中，波长最长的红光衍射波纹最宽，波长最短的紫光衍射波纹最窄，其余五色衍射波纹介于其间。正是华环中七色波纹宽度的差异，形成了外红内紫的彩色华环。

根据衍射的特点，障碍物尺度越小，衍射光波及的范围越大。因此，云粒子线长比较均匀时，形成的华环比较完整；云粒子之间线长差别较大时，因衍射光波及范围的差异以及大于光波波长的大粒子对光的反射，形成的华环不规则，甚至残缺不全。云粒子越大（不能超过光的波长），衍射光波及范围越小，形成的华环直径越小；云粒子越小，衍射光波及范围越大，形成的华环直径越大。

华环直径的变化，可预示天气变化。如果华环逐渐扩大，表明云粒子因蒸发（升华）而变小，预示天晴；如果华环直径在缩小，表明云粒子在逐渐增大，云层逐渐增厚，天气将转阴雨。因此，有"大华晴，小华雨"之农谚。

7.3.2 绚丽的晕

晕是环绕在日月周围的彩色光环，色带排列内红外蓝。太阳常见的光环半径视角为22°或46°。太阳周围的光环称日晕，月亮周围的光环称月晕。有时候，太阳周围的光环上还会出现一些明亮的彩色或白色光点，这是罕见的"多日"现象，气象上称为"幻日"或"假日"。

日月晕是日月光通过由冰晶粒子组成的薄云（气象上称卷层云）发生折射形成的。

由于日月光线经云中冰晶折射分光后，由最小偏向角出射的光最集中、最明亮，因此日月晕就是由最小偏向角出射的七彩光形成的光学景观。

日月光通过冰晶后的最小偏向角与入射面和出射面之间的夹角有关。冰晶常呈六角柱状、六角板状等形状。由于每个冰晶有上下两个底面和6个侧面，再加上冰晶在大气中随机分布并且没有固定的方向，光的入射面、入射角度，在冰晶中的路径，反射面、反射角度，出射面和出射角度也就存在差异。当日月光从夹角为60°的冰晶两个相邻侧面入射和出射时，七色光的最小偏向角平均约22°，半径视角22°的晕环就是由22°最小偏向角出射的光线形成；当日月光入射面和出射面夹角为90°（从冰晶上底入射、侧面出射，或从侧面入射、下底出射）时，七色光的最小偏向角平均约46°，半径视角46°的晕环就是由46°最小偏向角出射的光线形成的。由于红光的最小偏向角最小，紫光的最小偏向角最大，因此无论是22°晕环还是46°晕环，都是红光居内、紫光居外。

如果日环上局部冰晶集中且排列规则时，从最小偏向角出射的日光显得特别明亮耀眼，形成状如太阳的光点，这种"光点"称幻日或假日。

农谚"日晕三更雨，月晕午时风"，指的是白天太阳旁出现晕环，预兆半夜前后要下雨；晕环出现在月亮周围，预兆不久要刮风。当然，日晕不一定只兆雨，月晕不一定只兆风，只是说明天气将转坏。

7.4　划破极地夜空的极光

极光是太阳带电粒子（太阳风）进入地球磁场，在地球南北两极附近与高层稀薄气体分子撞击后产生的发光现象，是人们肉眼能看到的唯一高空大气现象。发生在北极的称北极光，在南极的称南极光。

7.4.1　极光的传说

人们发现极光至少已有 2000 年。2000 年来，极光留下了一串串美丽而神秘的传说。

极光之一

极光这一术语来源于拉丁文伊欧斯一词。传说伊欧斯是希腊神话中黎明的化身，是希腊神泰坦的女儿，是太阳神和月亮女神的妹妹，又是北风等多种风和黄昏星等多颗星的母亲，还曾被说成是猎户星座的妻子。出现在艺术作品中的伊欧斯，是一个年轻的女子，她不是手挽年轻小伙子快步如飞地赶路，便是乘着飞马驾辕的四轮车，从海中腾空而起；有时她宛若一个女神，手持大水罐，伸展双翅，向世上施舍朝露，如同中国佛教故事中的观音菩萨，普洒甘露到人间。

古时的芬兰人相信，北极光是一只狐狸在白雪覆盖的山坡奔跑时，由尾巴扫起的晶莹闪烁的雪花一路伸展到空中形成的。部分萨米人和西伯利亚人相信，北极光来自于逝者的创伤，是幽灵们在后世玩耍球类或骑马奔跑时受伤所留下的血迹。爱斯基摩人认为，极光是鬼神引导死者灵魂上天堂的火炬。原住民则视极光为神灵现身，深信快速移动的极光会发出神灵在空中踏步的声音，将取走人的灵魂，留下厄运。

在中国，极光的传说更离奇。相传公元前 2000 多年的一天，夜幕降临，群星闪烁。一个独自坐在旷野中名叫附宝的少女，沉醉在恬静优美的夜色之中。突然，在北斗七星中飘过一缕彩虹般的神奇光带，如烟似雾，摇曳不定，时动时静，若行云，似流水，最后化成一个硕大无比的光环，萦绕在北斗星的周围。霎时，光环又奇亮无比，宛如皓月当空，向大地泻下一片淡银色的光华，映亮了整个原野。附宝见状，心中不禁为之一动。由此便身怀六甲，生下一子，这男孩就是黄帝轩辕氏。

7.4.2 极光的形成

长期以来，极光的成因一直众说纷纭。有人认为，它是地球外缘燃烧的大火；也有人认为，它是夕阳西沉后，天际映射出来的太阳光芒；还有人认为，它是极圈的冰雪在白天吸收储存阳光之后，夜晚释放出来的一种能量。直到人类将卫星火箭送上太空之后，人类才逐渐认识了极光的庐山真面目。

18 世纪中叶，瑞典一家地球物理观象台的科学家发现，当该台观测到极光时，地面上的罗盘指针会出现不规则的方向变化，变化范围有 1° 之多；伦敦地磁台也记录到类似的现象。由此他们认为，极光的出现与地磁场有关。

20 世纪，人们利用照相机、摄影机及卫星、火箭，发现了太阳能流与地球磁场碰撞产生的放电现象。太阳能流亦称太阳风，这些高能粒子流以 300～400 千米/秒的速度冲向地球，幸而地球磁场改变了太阳风的方向，使我们免受太阳风的袭击。太阳风与地磁场碰撞后，带电粒子的能量瞬间释放。地球大气中因被撞击而受热的气体分子和原子，又以不同波长对外辐射（释放）能量，产生不同颜色的光，其中氧原子放出绿光或红光，氧分子放出红光或黄光，氮分子放出紫光或粉红光。这些被撞击原子和分子发出的光，就是极光。

概括起来说，太阳风、地球磁场和大气是形成极光的三要素，缺一不可。所谓太阳风，是太阳对宇宙不断放射的一种能量，它是由电子与质子组成的。由太阳的激烈活动产生的高能粒子流太阳风，是产生极光的能源，是气体光芒的"点燃者"，是地球南北磁极附近高层大气的"光明使者"。当带电微粒流射向地球并进入地球磁场作用范围后，受地球磁场的影响，便沿地球磁力线高速进入南北磁极附近。因此地球磁场是太阳风去向的"引导者"和极光源地的"决策者"。被地磁场引向地球南北磁极附近的太阳风，与高层大气撞击，被撞击的气体分子和原子以及被电离的气体分子，因得到太阳风传递的巨大能量而迅速升温。物体温度越高，向外辐射的电磁波波长越短。原来不发光的气体，由于温度急剧升高，辐射的电磁波波长缩短至可见光波长范围后，就发出了可见光。因此，大气是产生极光的载体。

虽然目前科学家已大致了解极光的成因，但极光仍留下许多难解的谜让人类继续探索。如极光出现是否有声音。加拿大国内北极圈内的土著人说，北极光会发出口哨声和脚步声，那是灵魂在天堂踏雪散步的声音。此外，还有太阳风撞击地球磁场释放出的能量究竟有多大等，这都是科学家急于想解开之谜。

7.4.3 形态、颜色和高度

极光是一种大自然天文奇观，它没有固定的形态，颜色也不尽相同。

一般来说，极光的形态可分为弧状极光、带状极光、幕状极光、放射状极光等4种。

极光的颜色以绿、白、黄、蓝居多，偶尔也会呈现艳丽的红紫色。

大多数极光出现在地球上空90～130千米处。极光下边界的高度，离地面不到100千米，极大发光处的高度离地面约110千米，正常的最高边界为离地面300千米左右，在极端情况下可达1000千米以上。1959年，人们曾观测到一次高度160千米、宽度超过4800千米的极光。

极光之二   极光之三

7.4.4　出没地域

极光最常出没在南北纬度67°附近的两个环状带区域内，分别称作南极光区和北极光区。北半球以阿拉斯加、北加拿大、西伯利亚、格陵兰冰岛南端与挪威北海岸为主，南半球则集中在南极洲附近。其中，北极附近的阿拉斯加、北加拿大是观赏极光的最佳地点，阿拉斯加的费尔班素有"北极光首都"的美称，以其寒冷的冬季与夏季的长时间光照而闻名，一年之中有超过200天可看到极光。中国最北的漠河，是国内观测北极光的最佳去处。

极光多发生在高纬度地区严寒的秋冬夜晚，所以北极光最佳观测时刻为11月至次年2月晚上10时到凌晨2时，有些极光可持续1小时左右。

由于极光形成与太阳活动息息相关，因此逢到太阳活动极大年，可以看到比平常年更为壮观的极光景象。在许多以往看不到极光的纬度较低的地区，也能有幸看到极光。2000年4月6日晚，在欧洲和美洲大陆的北部，出现了极光景象。在北半球一般看不到极光的地区，甚至在美国南部的佛罗里达州和德国的中部及南部广大地区也出现了极光。当夜，红、蓝、绿相间的光线布满夜空，场面极为壮观。虽然这是一种多年不遇的奇观，但在往日平静的天空突然出现绚丽的色彩，也着实为许多地区制造了恐慌。据德国波鸿天文观象台台长卡明斯基说，当夜德国莱茵地区以北的警察局和天文观象台的电话不断，有的人甚至怀疑又发生毒气泄漏事件。这次极光现象被远在160千米高空观测太阳的宇宙飞行器ACE发现，并发出了预告。北京时间4月7日凌晨零时30分，宇宙飞行器ACE发现一股携带着强大带电粒子的太阳风从它旁边掠过，而且该太阳风突然加速，速度从 375 千米/秒提高到 600 千米/秒，1 小时后，这股太阳风到达地球大气层外缘。

7.5 非云非雾非丹青的佛光

当观测者面对云或雾，阳光从背后射来时，云雾幕上会出现外红内紫的彩环，若人影头部现于环中，恰似佛象头上出现五彩斑斓的光环，因此得名"佛光"或宝光，因在峨眉山最常见，故称峨眉宝光或峨眉佛光。其实，峨眉山并非佛光的唯一产地，中国的黄山、泰山、庐山以及德国的布罗肯山、英国的维尼斯山等地，皆可目睹佛光的风采。

7.5.1 美丽的传说

传说东汉永平年间，峨眉山华严顶下住着一位老人，人们称他为蒲公。蒲公常年在峨眉山上采药，结识了宝掌峰下宝掌寺里的宝掌和尚，蒲公采药时常去宝掌和尚那里歇脚，宝掌和尚也常到蒲公家里谈古论今。

有一天，蒲公在山中叫作云窝的地方采药，隐约听远处有音乐之声，音乐声越来越近，像是来自空中。蒲公忙抬头看，只见空中一群人马驾着五彩祥云，直往金顶飘去。蒲公好奇，便紧随那片五彩祥云追向金顶。

蒲公来到金顶，看到舍身岩下翻滚的云海之中有一个五彩光环，五彩光环中有一人头戴束发紫金冠，身披黄锦袈裟，骑着一头白象，人头上有五彩祥光，脚下是白玉莲台。蒲公感到蹊跷，准备回家后找宝掌和尚问个究竟，他赶到家时，宝掌和尚正在家中等他，蒲公就把亲眼所见对宝掌和尚进行了描述。宝掌和尚不听则已，一听大喜，忙说："哎呀！那该是普贤菩萨嘛！我早就想见普贤菩萨，求他指引佛法。快，带我去一趟！"说罢，拉着蒲公就向金顶跑去。

他们二人路过一个水池边，一片尚湿的蹄印清晰可见，宝掌和尚指着说："你看，这是象蹄印。普贤菩萨骑的白象刚刚在这里洗过澡。"到了金顶，宝掌和尚跑到舍身岩往下一看，只见有一团七色宝光在白茫茫的云海中闪耀，但却不见普贤菩萨的金身。蒲公问宝掌和尚何故，宝掌和尚说："那七色宝光就是普贤菩萨的化身，叫佛光。"蒲公忽然看见光环中又现出了普贤菩萨的金身，就忙叫宝掌和尚看。可是等宝掌和尚看时，光环中却只现出了他自己的身影。蒲公感到奇怪，就问宝掌和尚："怎么光环中现出了你的影子，而不是普贤菩萨的金身呢？"宝掌和尚对他说："你天天采药，救人苦难，为人做了许多好事，菩萨被感动，才向你现了金身。看来，我做的好事还远不够多，所以还不能看见菩萨的金身，只能看见菩萨头上的宝光。"

从此，峨眉山舍身岩下成了佛光的再现之地，普贤菩萨的白象洗澡的水池也因此得名"洗象池"。人们为了能够看到佛光，就会去多做善事，并把能看见佛光当作一种吉祥的象征，并且还为它取个美好的名字——"金顶祥光"。登金顶，看佛光，也就成了峨眉山一大奇观。

7.5.2 迷人的风采

佛光发生在白天，产生的条件是太阳光、云雾和特殊的地形。早晨太阳从东方升起，佛光在西边出现，上午佛光均在西方；下午，太阳移到西边，佛光则出现在东边；中午，太阳垂直照射，则没有佛光。只有当太阳、人体与云雾处在一条倾斜的直线上时，才能观测到佛光。

佛光由外到里，按红、橙、黄、绿、青、蓝、紫的次序排列，直径约 2 米。

佛光的诱人之处，不仅在于它呈现出的红、橙、黄、绿、青、蓝、紫的七色光环，还在于光环中若隐若现的身影。光环中仿佛有一面镜子，观测者举手投足，"镜"中皆有影随行。

难怪丁文灿发出"更有一桩奇事，人人影在中藏"的感慨，谭钟岳也留下"试向石台高处望，人人都在佛光中"的诗句。

佛光出现后逗留的时间长短，取决于阳光是否被云雾遮盖和云雾是否稳定。如果出现浮云蔽日或云消雾散，佛光转瞬即逝。一般佛光现身的时间为 0.5 ~ 1 小时。云雾的流动，可使佛光改变位置；阳光的强弱，可使佛光时有时无。佛光彩环的大小，同云滴雾珠的大小有关：水滴越小，环越大；反之，环越小。

据载，峨眉山佛光每月均可出现，夏天和初冬出现的次数最多，最多时全年可见 100 次左右。

7.5.3 佛光的形成

佛光光环的色序排列，与虹和华一样，都是外红内紫。

是虹吗？否。因为虹的半径视张角为 42° 左右，佛光的半径视张角比虹的小得多，且不固定，时大时小。

是日华吗？像，又不像。像，是因为不仅二者光环色序排列一致，而且半径视张角类似，可大可小，没有固定值。不像，是因为二者出现的位置不同：见日华时，需面对太阳；见佛光时，需背对太阳。

既然像日华，就可以用日华形成原理来解释佛光的形成：太阳光遇到云雾时，受到云雾滴的阻挡，若云雾滴足够小（线长不大于光波长），光波绕过云雾滴后可产生衍射光环。由于衍射波纹宽度与入射光波长有关，即波长越长，衍射波纹越宽，波长越短，衍射波纹越窄，因此红光衍射波纹最宽，紫光衍射波纹最窄，其余五色介于其间。七种不同宽度的衍射波纹叠加，形成了外红内紫的七色光环。

日光绕过云雾滴后产生的衍射光环，只有面对光的来向时，才能看到佛光，背对太阳者真的与佛光无缘。因此，衍射虽可产生彩色光环，但却不能让背对太阳的观测者看到光环。如果光可以倒行逆"驶"，情况则另当别论。

在物理试验中，要看到衍射光的"实况"，需借助接受屏（或显示屏）。当光绕过障碍物遇到衍射屏时，经衍射屏反射（使光倒行逆"驶"），试验者可在接受屏上看到（狭缝）衍射条纹或（小圆盘、小孔）环形衍射波纹。

如果太阳光绕过云雾滴产生的彩色光环也能在"接受屏"上显示，观测者就不必担心看不到佛光。而云雾就是天然的"接受屏"。当云雾水平尺度较大时，阳光在云雾前部形成的衍射光环经云雾中部或后部反射，可将佛光"送入"背对太阳的观测者眼中。水平尺度较大的云雾，前部的云雾滴是迫使阳光衍射的障碍物，驱动太阳衍射光环的形成；中部或后部的云雾幕，是天然的衍射图样的"接受屏"，是佛光的载体。如果云雾水平范围小，将不能起到"接受屏"的作用，即便可形成佛光，背对太阳者也不能看到。

由于佛光是太阳光衍射而成，因此佛光直径的大小，随云雾滴线长大小而变化。云雾滴越大（不超过波长），衍射光波及的范围越小，形成的佛光光环越小；云雾滴越小，衍射光波及的范围越大，形成的佛光光环越大。

佛光中的影像，是人体因对直线传播光的吸收和反射而在云雾幕上形成的阴影。因此，人动影随，人静影止，人去环空。

7.6 虚无缥缈的蜃景

蜃景，即海市蜃楼，是地球上物体反射的光线经过不同密度的空气层折射而形成的虚像。平静的海面、大江江面、湖面、雪原、沙漠或戈壁等地方，有时会在空中或地上出现高大楼台、城郭、树木等幻景。中国广东澳角、山东蓬莱、浙江普陀海面上常出现这种幻景。在中国古代传说中，认为蜃乃蛟龙之属，能吐气而成楼台城郭，又说海市是海上神仙的住所，它位在"虚无缥缈间"，因而得名海市蜃楼。

7.6.1 蜃景的史书记载

《史记·封禅书》："自威、宣、燕昭，使人入海求蓬莱、方丈、瀛洲。此三神山者，其传在渤海中，去人不远，患且至，则船风引而去。盖尝有至者，诸仙人及不死之药在焉，其物禽兽尽白，而黄金白银为宫阙。未至，望之如云；及到，三神山反居水下；临之，风辄引去，终莫能至。"

明朝陆容《菽园杂记》："蜃气楼台之说，出天官书，其来远矣。或以蜃为大蛤，月令所谓雉入大海为蜃是也。或以为蛇所化。海中此物固多有之。然海滨之地，未尝见有楼台之状。惟登州海市，世传道之，疑以为蜃气所致。"

明袁可立为自己《观海市》诗所作的序中称，仲夏的五月二十一，他在巡抚公署办公楼推开窗户向北眺望，平日里一望无际的苍茫海面上，突然出现一座雄伟的城堡。再看那平日里的岛屿，都和原来的形状不一样。低矮的立了起来，高突的变得平坦，许许多多的宫殿楼台出现在其中。再仔细看，楼栋瓦檐，色彩鲜明，形形色色的都有。缥缈中能辨出形体的，"或如盖，如旗，如浮屠，如人偶语，春树万家，参差远迩，桥梁洲渚，断续联络，时分时合，乍现乍隐，真有画工之所不能穷其巧者"。所以，他赋长诗，记述这一奇妙事件："蛟龙倒海吐蜃气，平常岛屿失故形。茫茫浩波称天海，雄奇高墙突其中。断垣立角如刀劈，霞光万道瑞气浓。楼阁飞檐栏灵霄，云烟翻腾荡心胸。峭壁倏忽推广阜，平峦耸耸秀奇峰。高高下下时翻起，瞬息万变分合中。千树成林映美玉，向阳山麓照花红。"

清刘献廷在《广阳杂记》记载："莱阳董樵云：登州（渤海南岸的蓬莱）海市，不止幻楼台殿阁之形，一日见战舰百余，旌仗森然，且有金鼓声。顷之，脱入水。又云，崇祯三年，樵赴登州，知府肖鱼小试，适门吏报海市。盖其俗，遇海市必击鼓报官也。肖率诸童子往观，见北门外长山忽穴其中，如城门然。水自内出，顷之上沸，断山为二。自辰至午始复故。又云，涉海者云，尝从海中望岸上，亦有楼观人物，如岸上所见者。"

据沈括《梦溪笔谈》记载，"登州海中，时有云气，如宫室、台观、城堞、人物、车马、冠盖，历历可见，谓之海市"。

蒲松龄在《山市》中，描述了奂山的蜃景。"山市"（山市蜃楼），是淄川县八景中的一景，但经常多年也不出现一次。有一天，孙禹年公子跟朋友在楼上喝酒，"忽见山头有孤塔耸起，高插青冥，相顾惊疑"，因为这附近并没有寺庙。不久，又见"宫殿数十所，碧瓦飞甍"，才悟出原来是"山市"光临。接着，又出现了"高垣睥睨，连亘六七里，居然城郭矣"，且城中有楼阁，有厅堂，有街坊。

7.6.2 蜃景的形成

根据蜃景出现的位置相对于原物的方位，可以分为上蜃、下蜃和侧蜃。

上蜃是地物反射的光从密度大的气层到密度小的气层发生折射和全反射，在空中形成的虚像。

光由光密（折射率大）媒质射到光疏（折射率小）媒质的界面时，将发生折射，折射角大于入射角，且随入射角的增大而增大。当入射角增大到某一数值时，折射角将达到90°，这时在光疏介质中将不出现折射光线，此时的入射角称临界角。因此，只要入射角大于等于临界角，将不存在折射现象，这就是全反射。蜃景就是光由空气密度大（折射率大）的气层到密度小（折射率小）的气

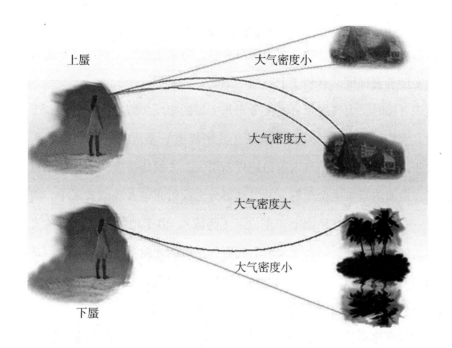

上蜃　　　大气密度小

大气密度大

大气密度大

大气密度小

下蜃

层发生全反射而形成的幻景。

　　我们是通过物体的反射光来看到物体的。在大气密度比较均匀时，物体反射的太阳光沿直线转播，不至于让人产生幻觉。通常空气密度随高度递减，由于递减率较小，不足以使穿过其中的光发生明显折射。但是，一旦出现逆温层，逆温层顶部附近和下部空气密度差别进一步增大。空气密度垂直递减率的异常增大，将使地面物体反射的光由下层（折射率大）至上层（折射率小）时不断发生折射。由于下一层的折射角又同时是上一层的入射角，因此折射角不断增大，入射角也不断增大。当折射角（也是上一层空气的入射角）大于临界角时，入射的光将发生全反射。若这部分全反射光入射至人眼中，将产生蜃景。由于人的眼睛总感觉物体的反射光沿直线传播，也总是沿直线从入射光线来向看到物体的，此时入射到人眼中的全反射光，并不是沿直线射入人眼的物体反射光，而是被折射、全反射"扭曲"后的物体反射光，因此观测者沿全反射光来向看到的物体，并非货真价实的原物体，而是高悬空中形似原物体的虚像——蜃景。由于此类蜃景出现在地物之上，故称上蜃。

　　夏季傍晚沙漠地区易出现上蜃，是因为此时地面辐射降温快，近地面层空气随之迅速降温，而上层空气受地面降温影响不明显，易形成逆温层。此外，夏季白天，海水温度低，若有暖空气流经海面时，海面上空气上暖下冷，也容易形成较大的密度垂直梯度，有利于上蜃的形成。

出现下蜃时，大气的垂直密度分布与上蜃的相反，即上层密度大，下层密度小。由高大地物反射的太阳光由上层（光密媒质）至下层（光疏媒质）时，折射角大于入射角且折射角与入射角均逐渐增大，光的传播方向逐渐向上偏，若入射光线在地面附近发生全反射，并且这部分全反射光进入观测者眼中，将产生下现蜃景——高大地物在地面上"倒立"（倒像）。由于地物顶部反射的光比底部的穿越的气层厚，经折射和全反射后比底部反射的光向上偏离得多，因此观测者沿光来向看到的地物是顶部在地下面、底部在地面上，呈倒立状，宛若物体在水中的倒影。由于倒影位于实物的下面，所以又叫下现蜃景。

沙漠地面热得快、冷得急的特性，不仅有利于上蜃形成，也有利于下蜃形成。日出后，沙漠表面温度升高极快，贴近地面层气温随之急剧上升，空气密度迅速变小，上层空气因受地面增温影响不大，密度变化不大，于是形成反常的上层密度大、下层密度小的密度垂直分布。由空气分子散射的蓝光从空中至地面时，因发生全反射，使观测者可在沙漠中"看到蔚蓝的湖面"（蔚蓝天空的倒影）。由于被太阳晒热的沙漠表面的空气不断地向上运动和晃动，使空气折射率也在发生变化，故"蔚蓝的湖面"晃动不止，像波浪在起伏。这种情景在城市里也可看到。夏天烈日照耀在柏油路面上，坐在车内的人会发现前方被晒热的路面显得格外明亮光滑，似有一潭清水或被水淋过一样，实际上路面非常干燥。

由于形成下蜃的空气层极不稳定，易产生强烈的乱流和对流，使上下层空气发生质量交换，进而破坏上大下小的密度垂直分布，因此倒像的寿命不长。

蜃景有两个特点：一是在同一地点重复出现，比如美国的阿拉斯加上空经常出现蜃景；二是出现的时间一致，比如中国蓬莱的蜃景大多出现在每年的5、6月份，俄罗斯齐姆连斯克附近蜃景往往是在春天出现，而美国阿拉斯加的蜃景一般是在6月20日以后的20天内出现。

7.6.3　蜃景产生的故事

蜃景曾产生过许许多多令人啼笑皆非的故事。

1913 年，美国一名探险队员称几天前发现了一座神秘高地。为了证实这一发现，探险队乘船驶过冰山海域，然后登上冰川，徒步前进，等探险队看到那个被称为新发现的大山时，景象竟慢慢消失得一干二净。高山化为乌有，留下的只是广阔无垠的冰山海洋。事后，探险队认识到，是海市蜃楼骗了他们。

在战争史上，也有蜃景的记录。1798 年，拿破仑的军队在埃及沙漠中行进。突然，茫茫沙漠中出现迷乱的景象：一会儿出现一个大湖，顷刻间又消失了；一会儿又是一片棕榈树林，转眼间又变成荒草和枯叶。士兵们被弄糊涂了，以为世界末日来临，纷纷跪下祈求上帝来拯救自己。

第一次世界大战时，在一次沙漠会战中，一队英国炮兵正在向目标射击。突然间，指挥官发现被射击的目标是海市蜃楼，不得不下令停止炮击。

另一次，一位德国潜艇艇长在潜望镜中竟看到美国的纽约市，他以为自己指挥的潜艇跑错航线，进入了美国海域，于是赶紧下令撤退。其实，这位艇长也是受了蜃景的欺骗。

《登上希夏邦马峰》影片的一位摄影师，行走在一片广阔的干枯草原上时，也曾看见"一湖碧水"的蜃景。他朝蜃景的方向跑去，想汲水煮饭。等他跑到那里时，什么水源也没有，这才发现是上了蜃景的当。

大气中的光现象是指发生在大气中，并用肉眼所能直接感觉到的光现象。它可以分为三类。

一、光在大气中折射引起的光现象。当光线入射到低层大气时，由于光线发生折射，改变了径迹，因此在水平面以上天体和物体的实际高度角与测出的高度角有明显的差异，即所谓天文折射和地球折射现象。一旦大气密度出现异常分布，来自远处目标物的光线在另一高度发生全反射，此时除能看到实物本身外，还可以看到它的反射像，这就是人们通常称为的"海市蜃楼"。

二、由大气散射引起的光现象。天穹色彩的变化就是大气散射引起的光现象之一，比如清洁的大气使天穹呈现蓝色，朝、晚霞呈橙红色。

三、大气中粒子（如水滴、冰晶等）对光的折射、反射与衍射引起的光现象。最常见的有虹、华和晕等。虹是由于太阳光线在大气水滴里的折射与反射产生的围绕反日点的彩色圆弧；华是由于云中的水滴与冰晶分别起小孔与狭缝的作用，使光衍射引起的围绕太阳（或月亮）的许多彩色圆环；晕是由于太阳（或月亮）光在冰晶上折射与反射引起的一系列光学现象的总称。

大气光学的理论和光波传播的规律，在大气辐射学、环境科学、天气预报、天文、航空、遥感等许多方面，已得到广泛的应用。随着红外和激光技术的迅速发展，大气光学的研究也在迅速发展。

8 探测云天与天气预报

　　大气探测又称气象观测，是对地球大气圈及其密切相关的水圈、冰雪圈、岩石圈（陆面）、生物圈等的物理、化学、生物特征及其变化过程进行系统的、连续的观察和测定，并对获得的记录进行整理的过程。气象观测是气象科学的重要分支，它将基础理论与现代科学技术相结合，形成多学科交叉融合的独立学科，处于大气科学发展的前沿。气象观测信息和数据是开展天气预警预报、气候预测预估及气象服务、科学研究的基础，是推动气象科学发展的源动力。发展一体化的气象综合观测业务是气象事业发展的关键。大气探测主要包括地面观测、高空探测、特种观测和遥感探测等。

　　天气是指一定区域短时段内大气的冷暖、阴晴、风雨、干湿等状态及其变化的总称。天气预报就是根据已知的大气状态，运用包括经验、技术、方法或理论等一定的知识，对某一区域未来的天气做出分析和预测。截止到目前，天气预报技术的发展大致经历了群众经验、天气图方法、数值天气预报和人机交互处理技术等四个阶段。

8.1 探测云天

　　长期以来，人们为了探测大气的变化规律，一直进行着不懈的努力。在大气科学萌芽时期，人们主要依靠眼睛观察天气现象的变化，凭感官感知冷暖干湿的差异。随着科学技术的发展，16～17世纪，人类相继发明了温度计、气压计、湿度计、雨量器、风杯风速计等，并投入实际应用，使大气探测进入到定量阶段。20世纪20年代，由于无线电探空仪的出现和高空风探测技术的发展，使大气探测由地面扩展到三维空间，40 年代以后，探空气球的探测高度已达到 20 ~ 30 千米，应用火箭探测更把探测高度提高到 100 千米左右。地面和探空气象观测站网的建立，连续观测资料的取得，在推动近代天气学的建立和发展、提高天气预报准确性方面有着十分重要的意义。

20 世纪 40 年代初，出现了专门的云雨测量气象雷达。1960 年 4 月，美国发射了第一颗极轨气象卫星。之后，各种类型的遥感设备相继研制和试验成功，如激光雷达、风廓线仪、微波辐射仪等。这些现代遥感仪器的应用和美国、苏联、中国、日本等国陆续发射的一系列气象探测卫星，大大提高了现代大气探测的水平。特别是近一二十年中，随着多普勒天气雷达和气象卫星技术的快速发展，随着大气观测自动气象站网的建立和改进，精度和效率更高的遥感仪器和设备的应用，更使大气探测的面貌焕然一新。目前大气探测主要包括地面观测、高空探测、特种观测和遥感探测等。

准确的天气预报依托于一系列气象观测资料，如果没有详细的观测资料，就不可能进行精确的天气预报。由于气象观测业务对社会经济的巨大影响和自身的重要科学价值，世界气象组织十分重视全球气象观测系统建设，现已建成了世界天气监视网。为进一步提高对全球气候变化的监测、预测能力，国际气象组织正在推动建立全球气候观测系统。

观测资料与气象要素真值存在不确定的误差。一是仪器误差，再精密的仪器都会有误差，测出的数值不会精确地等于真值；二是人为误差，仪器是由人来操作和观测的，观测人员不是一个人，每个人都会存在不一样的人为误差，即使同一个人，所测得的数据也不会精确地等于真值；三是环境造成的误差，尤其是目前城市建设发展迅速，气象观测环境往往得不到合法的保护，环境遭到破坏，或者频繁变更气象观测场地，这些都会引起观测数据的改变和失真，且误差也不再连续，所得到的观测数据也就更不准确。初始的气象观测资料错之毫厘，得出的天气预报和气候预测结果会差之千里。所以，气象仪器的精度、观测人员的业务技能、观测环境的保护等，对于做出准确的天气预报和气候预测，对于气象专业服务就显得十分重要。

8.1.1 地面观测

16～17 世纪，随着工业化革命和科学技术的发展，欧洲的一些科学家相继发明了一系列用以测量地面气象要素的仪器并投入实际应用，如温度计、气压计、湿度计、雨量器、风杯风速计等。1653 年，意大利斐迪南二世首次创建了欧洲地面气象观测网，从而使大气探测开始进入到定量器测的阶段。

地面观测

地面气象观测主要是对近地层范围内的气象要素进行观察和测定，主要观测的项目有气温（离地 1.5 米高处，百叶箱内的气温）、湿度、气压、风（包括风向风速）、云、天气现象、能见度、地温、降水、蒸发量、日照时数、太阳辐射等。

地面气象观测主要是在按照一定标准建设好的观测场内进行，观测场的四周必须是空旷的，不得有大的、高的建筑物或障碍物，观测场内应遍植草皮，以免造成局地的小环流，以上这些都有相应的技术规范作为依据。观测场的环境受《中华人民共和国气象法》和国务院《气象设施和气象探测环境保护条例》的保护，破坏气象观测场及观测场环境属违法行为。观测场中必要的设备有百叶箱（内设最高温度计、最低温度计、干湿球温度计、自记式温度计、自计式湿度计等）、雨量筒、太阳辐射（日照）仪、风向风速仪、地温表、蒸发皿等，水银气压表、空盒气压计等则通常设置于观测点中的建筑物内。

以上的数据是由仪器记录或测量到的，另外还有无法用仪器取代的观测就只有依赖观测人员目测并加以记录了，譬如云量、云属、能见度，以及闪电、雷鸣、彩虹、雨幡等天气现象，由气象观测员目测并加以记录。

地面气象观测数据必须在限定的时间内与全球交换。由于过去气象数据的交换都是通过电报来实现的，所以数据必须精简，而且格式统一，需要编写 5 位数字一组的气象电码。气象电码按照规定先汇集到几个气象数据交换中心，然后由这些中心把汇集的数据利用有线或无线的媒体网络广播出去，每个国家或地区的气象台通过接收电码，也就拥有全球同一时间的气象数据了。因为数据量非常庞大，而且几乎都在同一时间传递，所以即使是在今天的科技条件下，气象电码也还是要非常精简明了的。

由于大气系统大都涵盖相当大的范围，一个单点大气的数据并不能说明整个大气的状况。利用一个单点的气象数据推测大气系统，只能是瞎子摸象，是不能窥一斑而知全豹的。大气科学是最没有国界意识和门户之见的学科门类，需要通过全球密切合作，彼此交换数据，把大气的全貌一点一滴拼凑起来。预报员综合各地的地面观测资料后，才能绘出地面天气图，以便对天气状况的变化进行分析和预报。

8.1.2 探空观测

1927 年，法国人布罗和伊德拉克发明了无线电探空仪。这种电子仪器被悬挂在氢气球下升入空中，一路上将测得的气象资料用无线电信号发回到地面接收站，开始了高空气象观测，使大气探测由地面扩展到三维空间。高空气象探测一般是用探空气球携带探空仪器升空进行，可测得不同高度的大气温度、湿度、气压，并以无线电信号发送回地面。利用地面的雷达系统跟踪探空仪的位移还可测得不同高度的风（风向、风速）。当气象探空气球升到对流层顶，它的体积已经超过一个房间大小，而且气温已经远低于 0℃，气球的材质必须非常强韧，一般探空气球可以探测到离地面 20～30 多千米的高度。

气象探空数据与地面观测数据的处理方式一样，要综合世界各地上千个探空

气象探空

观测点的同一时间的观测资料，才能绘出高层大气的天气图。天气预报通常要绘出 850 百帕、700 百帕 、500 百帕、300 百帕、200 百帕、100 百帕等压面的天气图，并还要视需要再绘出更多的天气分析图供气象预报使用。

8.1.3　天气雷达

天气雷达是利用云雾、雨、雪等降水粒子对电磁波的散射和吸收，为探测降水的空间分布和铅直结构，并以此为警戒跟踪降水系统的雷达。常用的波长大多在 1～10 厘米范围。因 10 厘米波长的衰减小，用于探测台风、暴雨及冰雹较好。国内目前普遍使用的是国产 713 雷达（5.6 厘米）、714 雷达（10 厘米）和 711 雷达（3.2 厘米），可探测雷达站周围几百千米范围内的天气系统。

天气雷达多为脉冲雷达，它以一定的重复频率发射出持续时间很短（0.25～4 微秒）的脉冲波，然后接收被降水粒子散射回来的回波脉冲。降水对雷达发射波的散射和吸收同雨滴谱、雨强、降水粒子的相态、冰晶粒子的形状和取向等特性有关。分析和判定降水回波，可以确定降水的各种宏观特性和微物理特性。在

中国河南省驻马店新一代天气雷达

降水回波功率和降水强度之间已建立有各种理论和经验的关系式，利用这些关系，可以根据回波功率测定雷达探测范围内的降水强度分布和总降水量。

1998 年，中国开始布网新一代多普勒天气雷达系统。1842 年，奥地利物理学家多普勒首先从运动着的发声源中发现了多普勒效应。当降水粒子相对雷达发射波束相对运动时，可以测定接收信号与发射信号的高频频率之间存在的差异，从而得出所需的信息。多普勒天气雷达的工作原理以多普勒效应为基础，可以测定散射体相对于雷达的速度，在一定条件下反演出大气风场、气流垂直速度的分布以及湍流情况等。这对研究降水的形成，分析中小尺度天气系统，警戒强对流天气等具有重要意义。1997 年，上海率先引进美国 WSR－88D 型多普勒天气雷达。1999 年，中美合资的 WSR－98D 型多普勒系统在安徽合肥建成并通过现场验收。新一代天气雷达在灾害性天气监测、预警方面，发挥着不可替代的作用。目前中国已建成的新一代多普勒天气雷达主要分 S、C 两种波段，S 波段雷达主要分布在沿海地区及主要降水区域，C 波段雷达主要分布在内陆地区。

多普勒天气雷达是一个探测、处理、分配并显示产品的独立应用系统。基于瑞利散射原理来获取天气目标物距离、方位和反射率数据，间歇性地向大气中发射脉冲电磁波，以近于直线的路径和接近光波的速度在大气传播。在其传播的路径上，若遇到了气象目标物，脉冲电磁波被气象目标物散射，其中后向散射返回雷达的电磁波，称为回波信号。以产生最佳雷达探测范围并使反射率回波最佳化，根据雷达方程和气象算法，多普勒天气雷达采用软件处理来控制雷达工作特性，对获得的基本天气数据进行分析处理，在用户端显示出气象目标的空间位置、强度等特征，从而生成并导出天气预报员可视的基本气象产品图。

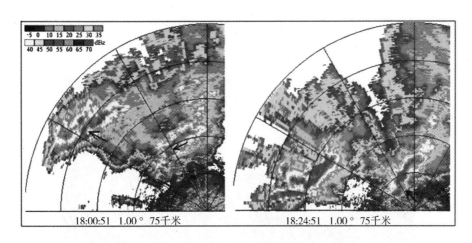

2002 年 7 月 19 日郑州 714CD 雷达观测到的回波图

　　2002 年 7 月 19 日下午，雷达图上出现影响郑州市的雹云回波。15 时 30 分雷达观测到回波带位于安阳、鹤壁，山西的陵川、高平、沁水、阳城一带。17 时开始逼近焦作、武陟、修武东南侧、获嘉等地，抬高雷达仰角，明显看到有三个发展旺盛的对流单体排列在以上地区，其中最前侧的一块距郑州 20 千米，回波强度达 55dBz，尺度有 5~8 千米，左侧是弱回波区，也就是强上升气流区。第二块回波强度为 54dBz。回波快速东南移动。18 时 24 分第一、二块回波移近郑州、荥阳和巩义，强度维持在 55dBz 以上。18 时 30 分前后，两块回波影响巩义、荥阳、郑州，使得上述区域均受到了冰雹袭击，特别是郑州市出现了近几十年不遇、直径达 50 毫米的大冰雹，伴有雷雨大风，风力 8 级，市区北部和东部遭到了严重灾害，直接经济损失达上千万元。

8.1.4 气象卫星

气象卫星就是从太空对地球及其大气层进行气象观测的人造地球卫星。气象卫星实质上是一个高悬在太空的自动化高级气象站，是空间、遥感、计算机、通信和控制等高技术相结合的产物。卫星所载各种气象遥感器，接收和测量地球及其大气层的可见光、红外和微波辐射，并将其转换成电信号传送给地面站。地面站将卫星传来的电信号复原，绘制成各种云层、地表和海面图片，再经进一步处理和计算，得出各种气象资料。

气象卫星

气象卫星按轨道的不同分为太阳轨道气象卫星和地球静止轨道气象卫星。前者由于卫星是逆地球自转方向与太阳同步，称作太阳同步轨道气象卫星；后者是与地球保持同步运行，相对地球是不动的，称作静止轨道气象卫星，又称作地球同步轨道气象卫星。按是否用于军事目的分为军用气象卫星和民用气象卫星。气象卫星观测范围广，观测次数多，观测时效快，观测数据质量高，不受自然条件和地域条件限制，它所提供的气象信息已广泛应用于日常气象业务、环境监测、防灾减灾、大气科学、海洋学和水文学的研究。气象卫星也是世界上应用最广的卫星之一。

气象卫星开创了从宇宙空间观测大气的新时代。1958 年，美国发射的人造卫星开始携带气象仪器。1960 年 4 月 1 日，美国发射了世界上第一颗试验性气象卫星"泰罗斯" 1 号。1988 年 9 月 7 日，中国发射了第一颗"风云一号"太阳同步轨道气象卫星。之后经历了从极轨卫星到静止卫星，从试验卫星到业务卫星的发展过程，建立了以接收风云卫星为主、兼收国外环境卫星的卫星地面接收和应用系统，在气象减灾防灾、国民经济和国防建设中发挥了显著作用。2012 年底，中国的极轨气象卫星和静止气象卫星已经进入业务化，中国成为世界上少数几个同时拥有极轨和静止气象卫星的国家之一，是世界气象组织对地观测卫星业务监测网的重要成员。

8.1.5 风廓线仪

风廓线仪是探测晴空大气中风随高度变化的一种雷达设备。大气中折射率的不均匀能够引起对电磁波的散射，其中大气中的湍流活动导致折射率涨落而引起的湍流散射，散射层的运动和湍流块的运动都可造成返回电磁波信号的多普勒频移，采用多普勒技术可以获得其相对于雷达的径向速度，通过进行多射向的速度测量，在一定的假定条件下可估测出回波信号所在高度上的风向、风速和垂直运动，从而获取大气风廓线资料。

风廓线仪是通过向高空发射不同方向的电磁波束，接收并处理这些电磁波束因大气垂直结构不均匀而返回的信息，进行高空风场探测的一种遥感设备，风廓线仪就是用于这一探测目的的脉冲多普勒雷达。风廓线仪利用多普勒效应能够探测其上空风向、风速等气象要素随高度的变化情况，具有探测时空分辨率高、自动化程度高等优点。在风廓线雷达基础上增加声发射装置构成无线电－声探测系统，可以遥感探测大气中气温的垂直廓线。风廓线仪能够提供以风场为主的多种数据产品。

8.1.6 闪电定位仪

闪电可以分为包含云与云、云与空气、云内放电的云闪、云地闪、诱发闪电、球闪等多种，其中对地面设施危害最大的是云地闪电。云地闪电又可以细分

风廓线仪

为正电荷对地放电的正闪和负电荷对地放电的负闪。闪电定位仪主要用来探测云地闪，并且能区分正负极性。

闪电定位仪

　　闪电定位从理论上讲，其核心是通过几个站同时测量闪电回击辐射的电磁场来确定闪电源的电流参数。参数包括回击的放电时间，回击发生的位置，100千米处回击波形的强度峰值、陡度值、陡点时间、前沿上升时间、宽度等，根据100千米处辐射场的波形，可以近似计算出回击的放电电荷、辐射能量。

由布置在不同地理位置上的两台以上的闪电定位仪,可以构成一个雷击探测定位系统网。中心数据处理站经通信信道可和多达 16 个闪电定位仪相连,对接收到的闪电回击数据实时进行交汇处理,给出每个闪电回击的准确位置、强度等参数,由其图形显示终端设备随时存储、显示、打印或拷贝成图。中心数据处理站也可经通信系统对各个闪电定位仪进行参数设置、调出闪电定位仪工作状态等。通过数据服务网络或设置多个图形显示终端,以便多个部门共享雷电的信息资源。一般而言,多站交汇误差要比两站交汇误差小,因此多站布置可以提高雷电定位精度,同时可以扩大探测范围。通常希望把闪电定位仪布置成三角形、正四边形更为有利。

目前中国共建成雷电探观测点 334 个,覆盖范围包括南沙和钓鱼岛等地区。探测数据全部传输至中国气象局信息中心的中心数据处理站,由中国气象局探测中心雷电数据处理中心生成产品,为气象、电力等多个部门提供包括雷电密度分布等多种专业服务。

分析强雷暴时段地闪强度特征,大风冰雹天气平均正闪强度大于负闪强度,而暴雨类地闪频数虽然很大,但负闪平均强度不大,而且弱于雷雨大风冰雹平均正闪强度。大风冰雹类天气过程中,2004 年 6 月 21 日 20 时 33 分,获嘉出现最大正地闪强度达 +236.0 千安培。2006 年 7 月 2 日 11 时 20 分,暴雨过程中,周口市区出现最大负地闪强度为 −218.7 千安培。最大正、负闪出现时间,可以在强雷暴过程的开始、持续、结束任何时段,地闪强度的大小与雷暴类型的关系还不确定。

8.1.7　无人机

无人机是一种由无线电遥控设备或自身程序控制装置操纵的无人驾驶飞行器。无人机由飞行系统、通讯系统和载荷三部分构成。无人机系统由无人机、地面通讯指挥系统和数据接收处理系统构成。挂载不同的载荷,可以实现不同的用途。

中国气象部门对无人机的应用研究在国内相对较早,20 世纪 90 年代,中国气象局就开始了无人机在气象方面的应用研究,2002 年下达了"自控无人驾驶飞机遥感"气象新技术推广项目。中国气象局大气探测中心具体承担该项工作，经过十多年的发展，已成功研制和推出了探空、遥感、人工影响天气等三个系列十余个机型的气象无人机，主要用于垂直或水平探测大气温、压、湿和风，远距离或多点探测大气温、压、湿和风，监测天气系统（如台风）、大气化学探测或采样、云及雨滴探测、人工影响天气云的催化播撒、遥感等。

中国各地气象部门先后开展了气象无人机的研究试验和应用，无人机在气象上的应用有着广阔的前景，尤其是在中国西部地区。由于航空采取了多层飞行，中国中部、东部地区空域十分紧张，加之无人机还不能确保飞行安全，所以目前仍存在着制约无人机发展的瓶颈问题。

8.1.8　自动化测云仪

（1）国外云自动化观测技术

目前，国外已有一些自动化测云仪器，如芬兰维拉萨公司生产的商业用CL31、CL51型激光云高仪，美国加里福尼亚大学的WSI，美国洋基环境系统公司开发的测云仪器。美国1992年开始建立第一套自动地面观测系统。

国外激光云高仪能够测量云高、云量，且在自动地面观测系统中有成熟应用。巴勒等在小区域上对WSI云图进行了分类，考察了云图的纹理特征、位置信息和像素点亮度信息，并对高积云、卷云、层云、积云和晴空等5种天空类型进行判断，总正确率为61%。

（2）国内云自动化观测技术

中国也开发出了一些用于云自动化观测的仪器。目前有解放军理工大学的地基红外测云仪，中科院大气所的红外云像仪和全天空成像仪，中国气象科学研究院的可见光全天空测云仪，洛阳凯迈的激光云高仪，安徽光电研究所研制的微脉冲激光雷达测云仪。

红外面阵全天空测云仪，利用大气的红外窗口特性，结合红外辐射传输模式，分析水汽、能见度、气溶胶、光学厚度等因子对大气向下红外辐射与云底高度的关系，反演云底高度，实现云高、云量及部分云状的探测。单点红外传感器，通过扫描获取全天空云图，结合红外辐射传输模式和地面气象资料，拟合出

"刀锋"TF-1D无人机   "鹞鹰"无人机

气象无人机发射及指挥车   "翔雁"无人机

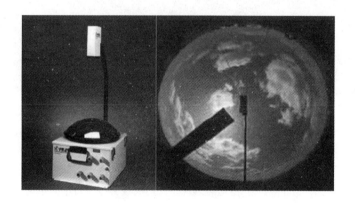

美国 Yankee 公司的全天空成像仪

天空亮温与云高之间的函数关系式，通过多次迭代的方法进行地基遥感反演云底高度，实现云高、云量探测。双波段测云系统，利用可见光的测量精度对红外波段进行实时标校，提高红外反演精度，实现昼夜自动化观测。

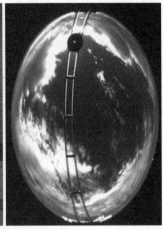

美国加州大学的 WSI

中科院大气所可见光全天空测云仪

8.1.9　能见度自动观测仪

能见度是识别气团特性的重要参数之一，可反映大气层稳定程度，预示天气的变化。同时，能见度代表当时的大气光学状态，反映大气的混浊程度，是表征近地表层大气污染程度的一个重要物理量，因而在环境监测上具有实际意义。

能见度人工观测数据因受目标物状况、光线亮度、人员素质、视力、习惯、心理等诸多因素的影响，人为因素较大，质量较低，连续性、比较性较差。能见度局地性强，时空变化大，时间间隔几分钟就可能变化几千米，相距几千米的两个地方，能见度可能相差几千米甚至十几千米。能见度人工观测点仅限于国家级

能见度观测仪器

气象站，观测时次是基准站每天 24 次，基本站是每天 8 次，一般站每天 3 次，观测数据远远不能反映大气的实际状况。能见度观测时空密度远不能适应日益提高的社会服务需求。

大气中光的衰减是由散射和吸收引起的。一般情况下，吸收因子可以忽略，而经由水滴反射、折射或衍射产生的散射现象是影响能见度的主要因素，故测量散射系数的仪器可用于估计气象光学视程。前散型能见度传感仪主要是通过测量散射光强度，得出散射系数，从而估算出消光系数。透射能见度仪采用测量发射器和接收器之间水平空气柱的平均透射系数而算出能见度，发射器提供一个经过调制的定常平均功率的光通量源，接收器主要由一个光检测器组成，由光检测器输出测定透射系数，再据此计算消光系数和气象光学视程。

能见度自动观测仪是根据观测区域内气溶胶粒子对特定波长红外脉冲散射强度来反演能见度的，观测精度取决于散射区气溶胶粒子的浓度和直径，浓度越高，散射量越大，粒子分布直径越接近红外波长，散射量越大。能见度自动观测数据准确度高，均一性、比较性、连续性远远高于人工观测数据。时空密度高，可以加密布点，增加空间密度，观测数据时间密度可以达到每秒数十次，经过多次滑动平均，目前提供的数据是每分钟一次，时间密度增加近百倍。因此，能见度自动观测数据更加客观，比人工观测数据更好地反映近地面能见度状况，完全可以代替人工观测。上图是中国合肥市在道路交通方面实际运用能见度观测仪器的实际例子。

但能见度自动观测仪观测的是散射区气块的透明度，由于散射区体积狭小（只有千分之一立方米），观测数据只反映散射区狭小空间的气溶胶粒子状况，属于以点带面。当大气中气溶胶分布不均时，误差会很大。另外，自动观测仪受外界影响很大，在狭小的采用区中，稍有干扰，观测数据就可能发生很大变化，灰尘、烟尘、落叶、小动物都会对观测数据造成很大影响。当出现强降水、平流雾、扬沙、沙尘暴、烟幕伴大风等天气现象时，观测数据波动性很大，常常出现一分钟内变化几千米的情况。

8.1.10　地面自动气象站

地面自动气象站是对地面气象数据进行实时采集、计算处理、数据存储和显示、报文报表编制和组网通信的自动天气观测系统，用于台站自动化业务测报。业务应用的自动气象站能够采集气温、湿度、地温、气压、风向、风速、雨量等气象要素传感器输出的模拟量或数字量数据，完成数据的预处理、质量控制，计算瞬时值、平均值、极值及其出现的时间，并按照规定的格式存储。

地面自动气象站

自动气象站的软件有数据采集器软件和业务测报软件两大部分。数据采集器软件是在采集器内部运行的软件，和采集器硬件一起完成对气象要素的自动测量；业务测报软件则安装在微机中，和微机一起完成业务报文报表的编制等工作。

8.1.11　地面自动雨量站

截至 2011 年底，中国已经安装完成并投入业务运行的有 4948 个站点，多要素自动气象站有 27160 个站点。时空密度和自动化程度较高的特点，明显地增强了对中小尺度天气系统的监测和预警能力。

自动雨量站系统主要是由雨量传感器、雨量采集器和 GPRS 通讯模块组成的。运用先进的气象测量技术、嵌入式电子技术、移动通讯技术和计算机互联网技术等，新一代 GPRS 雨量集中监测系统，具有技术先进、稳定可靠、测量精度高的优点。现在的移动通信网络已经建设到了各个乡镇，利用移动的 GPRS 功能传输数据，不受地理环境的限制。每个雨量监测点的降雨量可立即传输给气象中心，气象中心可实时准确地掌握各地的降雨信息，随时以网页的形式给广大用户提供信息，比传统的降雨监测网络更准确、更及时、更直观。

乡镇自动雨量站的建设增强了探测的时空密度和自动化程度，使雨量预报更加及时、精确，提供更加全面、准确的气象情报服务。增强了气象服务能力，提高了气象服务水平，在防灾减灾气象服务工作中发挥了极其重要的作用。

8.2　气象信息交换

气象通信系统把国内外的气象信息收集起来，经气象预报部门分析加工成天气预报后，再把预报信息发送到各地的气象台和千家万户中去。天气预报要想报得及时、报得准确，气象通信系统就必须依靠先进的通信技术，做到及时、高效。

8.2.1　气象通信的六个发展阶段

中国气象通信的发展先后经历了莫尔斯电报、电传通信、图形传真、计算机通信、网络通信和卫星广播 6 个阶段。

电报机是第一代中国气象通信工具。电报机由人工按动电键，使电键接点开闭，形成"点""画"和"间隔"信号，经无线电路传输出去。收报端接到这种电信号后，便控制音响振荡器产生出"嘀""嗒"声，"嘀"声为"点"，"嗒"声为"画"，供收报员收听抄报。

20 世纪 50 年代中期，中国开始建设气象电传通信网。电传通信与莫尔斯通信是两种截然不同的通信方式，其主要区别是电传通信以有线电路为主，进行点对点通信传输。电传通信的优点是自动打印，传输速度较快，准确率较高，比莫尔斯通信的速度提高 3 倍左右。电传通信用机械把信号转换为字符，并直接打印在纸张上，使报务员从繁重的手抄劳动中摆脱出来。

莫尔斯电报与电传通信传输的都是字符，但是天气预报的分析依据是天气图，因此，天气预报员收到字符后必须手工填图，然后再进行分析和预报，给天气预报工作带来了诸多不便。为了能够直接传输图形，20 世纪 70 年代，中国气象通信工作者开始开发气象传真广播技术。传真通信是一种真迹传送方式。它利用扫描技术，通过光电设备的作用，把固定的图像、文字等转换成串行的电信号，然后利用通信技术，把它们从一个地方按原样传送到另一个地方，并在那里复制出来。用先进的传真技术可以将绘制好的天气图及照片通过信号进行传送，使各地气象台能收到直观的天气图。

1973 年 7 月，周恩来总理亲自批准建设现代化的北京气象通信枢纽工程（BQS），中国气象通信起步走向现代化。20 世纪 70 年代中期，BQS 工程建成，它是新中国气象部门发展史上第一个大型现代化建设项目。1976 年，国家气象局引进了日立公司 1 台 M－170 和 2 台 M－160Ⅱ计算机，2 套通信控制处理机，20 台大容量磁盘，6 台大型平面绘图机等设备 591 台（件），开发了计算机自动通信、自动填图软件和气象公报库、报告库、要素库和数值预报场库，建成了中国第一代自动化气象通信系统。1980 年，北京气象通信枢纽工程建成，气象通信开始进入高速自动通信的新时期。以后的气象通信和填图都交给计算机自动完成，气象通信手工作业时代成为历史。

1987 年 3 月，北京气象中心开始扩建，1991 年建成运行。在这次扩建工程中，第一代系统中的顶梁柱 M – 160 Ⅱ 计算机被更先进的计算机系统取代，中国第二代计算机气象通信系统建成。

让中国气象通信再上一层楼的是"气象卫星综合应用业务系统"（代号"9210"工程）的建设。这是中国气象现代化建设中规模最大、覆盖全国、前所未有的大型气象通信网络工程，总投资高达 5 亿元人民币，历时 8 年建成了卫星广域网、话音网、数据广播网、接收网、计算机局域网、CHINAPAC 地面迂回备份网和气象信息综合分析处理系统。创建了一个国家级主站、6 个区域级站、25 个省级站、300 多个地市级站、2000 多个县级站。空中与地面相结合，专网与公网相结合，以卫星通信为主，地面通信为辅，以专网为主，公网为辅，覆盖全国，集中控制，分级管理的五级气象信息网络，形成了中国第三代气象通信系统。

进入 21 世纪以来，中国又先后建成了全国地面气象通信宽带网络系统、地市级以上气象部门新一代卫星气象数据广播系统（DVB – S）、全国天气预报电视会商与电话会议系统。中国气象通信进入了气象卫星、雷达网和光纤、通讯卫星互相配合的时代。

8.2.2　气象通信实现三次飞跃

莫尔斯电报时代，国家气象中心通信台每天有 100 多人守在电报机前，人工听报、抄报；第一代自动化通信系统时代，那里有二三十人运行各种设备；如今的国家气象通信台只需要六七人轮班值守，监控运行大型计算机系统。1978 年，国家气象中心每天收集的数据仅有 0.5 兆，如今是 100 千兆。1978 年，国家气象中心收到的观测数据只有高空天气情况与地面天气情况两种，如今可以收到 70 多种观测资料，涵盖海陆空。20 世纪 80 年代以前，国家气象中心每天可接收来自全球 3000 多个地面气象观测点、100 多个高空气象观测点的信息；如今每 6 小时就可以接收来自全球 6000 多个地面站、500 多个高空站的信息。幕后的换装是为了台前的精彩，气象通信自动化程度的提高带来了中国气象服务水平的一次次飞跃，让老百姓看到了越来越快、越来越准的天气预报。

当 BQS 系统建成后，系统连接的各类气象电路由原来的 42 条猛增到 128 条，气象电报传输时效比过去提高了 1~3 小时；填图速度和时效比人工作业提高了 5 倍；每日处理的信息量由 3 兆字节增加到了 15 兆字节。更为重要的是，通过 BQS 系统，北京东连日本东京气象中心，西连德国奥芬巴赫气象中心，成为亚洲气象通信枢纽。

第二代自动化通信系统投入使用后，国家气象中心每日发送的信息量从 15 兆字节增至 30 兆字节。"9210" 工程建成后，气象通信能力更是有了突破性发展，通信速率由 2400~9600 比特/秒，增至卫星单向广播 2 兆比特/秒和双向传输 512 千比特/秒，省、地市两级气象台站接收的信息量增加 20~30 倍，各种天气预报传输时效提前了 1~3 小时。

21 世纪的前 10 年间，全国地面气象通信宽带网络系统建成投入运行。全国每个气象单位都实现了任意点到点的直接通信能力。卫星气象数据广播系统的更新换代，增加了更多的天气预报信息，并且实现了在中国气象频道音、视频天气预报节目的实时广播，真正做到了天气预报无时不有、无处不有，全天候跟随式贴心服务百姓。

8.2.3　国际气象信息交换

全球通信系统是国际气象信息交换的主要业务系统，是 WMO 世界天气监测网的基本业务系统，由主干通信网、区域通信网和国家通信网组成，主要任务是在世界气象中心、区域气象中心和国家气象中心之间快速、高效、可靠地收集、交换来自全球观测系统的基本观测数据和经全球气象资料处理系统加工过的气象数据和产品，满足成员和国际组织开展气象业务、服务和科研的需要，同时也承担大气科学相关研究活动的气象资料传输。

全球通信系统中，主干通信网是 GTS 的核心通信网络，连接 3 个世界气象中心（墨尔本、莫斯科、华盛顿）和包括北京、东京、奥芬巴赫在内的 15 个区域通信枢纽（RTH），承担全球和区域间的气象资料交换；区域通信网是连接区域通信枢纽、国家气象中心以及区域内的世界气象中心和区域气象中心的通信网络，包括非洲（Ⅰ区协）、亚洲（Ⅱ区协）、南美洲（Ⅲ区协）、中北美洲（Ⅳ区协）、西太平洋（Ⅴ区协）、欧洲（Ⅵ区协）等 6 个区域通信网，承担区域内数

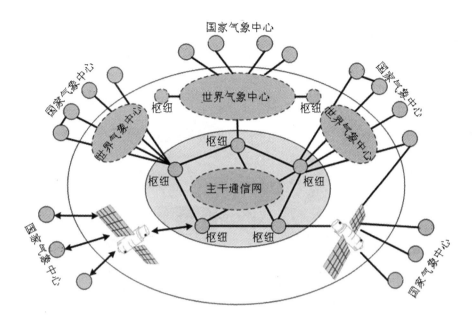

全球通信系统逻辑结构图——摘自《气象信息系统》

据和产品的收集和分发，并通过区域内位于主干网上的 RTH 进行区域间的资料交换；国家通信网是 WMO 各成员收集内部观测数据和产品、分发气象资料的通信网络。

北京是全球通信系统主干网上的亚洲区域通信枢纽，有 10 条国际气象通信线路与国外气象中心连接，其中与日本、德国、俄罗斯、印度、欧洲气象卫星组织等通过 MPLS VPN 连接，与朝鲜、越南、蒙古等责任区国家及泰国、韩国等通过数字专线连接，通过互联网与澳大利亚、哈萨克斯坦、欧洲中期预报中心等建立数据交换连接。

国际气象通信系统是承担北京亚洲区域通信枢纽职责的业务系统，是中国气象局收集国外资料和产品，对外提供国内资料、全球交换资料和双边交换资料的核心业务平台，具备数据收集、数据分发、交换控制、报文处理、文件处理等功能，支持 TCP sockets、FTP、HTTP、SMTP/POP3、X.25、ASYNC 等传输协议，支持数据编码格式转换和文件交换。目前，国际通信线路 GTS 连接总带宽超过 6 兆位/秒，日收发数据量近 15 兆，传输资料主要有地面观测资料、高空观测资料、数值预报产品、卫星数据和产品、各类警报信息等，服务用户主要为中国气

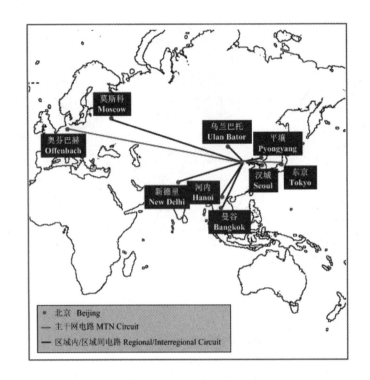

北京国际气象电路——摘自《气象信息系统》

象局国家级业务单位,并通过国内通信系统、实时数据库系统等业务系统为全国各级气象台站,以及相关行业用户和科研单位提供国外气象资料和产品。

8.2.4 全球气象台站网

为了提高全球抵御气象灾害的能力,减轻天气和气候极端事件的危害,世界气象组织在监测、预报和建立畅通的气象信息渠道方面做了许多有效的工作。通过实施世界天气监测网计划,组织了包括10000个地面观测点、1000个探空站、几百部天气雷达、7000多艘自愿观测船、每天3000架次的飞机、6颗极轨和4颗静止气象卫星、近250个大气本底监观测点构成的观测网络,并组建了3个世界气象中心、25个区域气象中心和185个国家气象中心,组成了全球气象信息传输网络,有效地加强了天气、气候灾害的监测、预报和气象信息传输。世界气象组织还通过建立世界气候计划、科研发展计划、水文与水资源计划、气象应用计划、热带气旋计划、教育培训计划、技术合作计划、长期规划以及参与国际减灾十年计划等来组织、协调国际气象和水文业务合作，为各成员政府和公众及时提供天气、气候灾害预报和警报服务，为保护各国人民的生命和财产安全以及经济可持续发展做出了突出贡献。

截至 2011 年底，中国气象部门共建有 4000 多个各类地面气象台站，其中基准气候站 143 个，基本气象站 530 个，一般天气站 1736 个，大气辐射站 98 个，酸雨观测点 86 个，沙尘暴监观测点（一期）46 个，土壤湿度观测点 433 个，农业气象观测点 624 个，大气本底站 4 个，闪电定位（地闪）98 个，闪电定位（云间闪）3 个，多普勒雷达站 101 个，共有 120 个高空气象探观测点，已建成 80 部 L 波段数字式电子探空仪 – 二次测风雷达系统。另外还布设有上万个单要素、2 ~ 6 要素自动气象（雨量）站等站。中国从 20 世纪 70 年代初期开始研制气象卫星，目前已经形成极轨和静止两个业务卫星系列。

8.3　天气预报

古往今来，人类自从诞生便与天气打交道，把天气谚语和动物在天气变化前的反应作为预知未来天气的依据，这是千百年来人类对天气变化的经验总结，具有丰富的科学内涵。从古代的占卜，到现代化的数值天气预报，为了预知未来天气变化，求索不止。随着气象探测仪器的不断发明创造，开始了地面气象观测和高空气象探测，各地先后建立起来气象站点，有了地球大气各个层面的气压、温度、湿度、风向、风速、降水等气象要素记录，从而天气图诞生，为现代天气预报奠定了基础。起始的天气图主要是靠人工绘制，科学技术的日新月异，通讯事业发展迅速，气象信息全球化交换成为可能，计算机开启了新的时代，天气图交给了计算机完成，大大推进了天气预报技术的发展。

气象卫星、气象雷达的问世，卫星云图、雷达回波更是为天气预报技术插上了翅膀。气象物理学的发展，现代化气象设备的研制，大气探测在物理学基础上的不断更新完善，通讯技术、计算机等相关科学技术突飞猛进，使得天气预报由定性到定量、定时、定点成为可能，终于催生了科学的数值天气预报。

20 世纪初，诞生了数值天气预报理论。1910 年，英国科学家首次提出直接用数值积分方程求解。1954 年，瑞典在世界上率先开始了业务上的实时数值天气预报，较之美国开始业务数值天气预报早了 6 个月。数值天气预报自此从纯研究探索走向了业务应用，大气科学从定性研究向定量研究迈出了坚实的第一步。中国气象科学家在数值预报上也做出了自己的贡献。经过一个世纪的数值天气预报理论研究，以及半个世纪的业务化应用实践，数值天气预报取得了迅速的发展，已成为现代天气预报业务的基础和发展的主流方向。

20 世纪 70 年代以来，随着数值预报模式的不断改进和产品的不断丰富，预报员在业务值班中面对的信息量成百上千倍地增加。为了使预报员更好更充分地使用这些信息，同时能有更多的时间去分析和思考预报问题，减少不必要的手工劳动，人 – 机交互处理技术应运而生，它将图形图像的处理技术、人 – 机交互技术、多种显示功能和编辑功能等结合在一起，成为预报员的工作平台。新一代的天气预报人机交互处理系统投入业务应用，使天气预报的精细化程度不断得到提高。

由此可见，现代天气预报是大气科学和通讯、计算机等相关技术共同发展的结果。

8.3.1　天气图的诞生

自从盘古开天地，人类为了适应多变的天气和气候生存，试图利用各种各样的方法和经验来预测天气。中国有关气象知识的记载，可追溯到公元前 14 世纪的商代。在安阳殷墟出土的甲骨文上已记载了求雨的卜辞和风、云、雨、雪、雹、虹、雷电等天气现象，关于风、雨、水等方面的卜辞可以看作是原始的天气预报。

世界各国劳动人民在与大自然求得和谐的生产、生活实践中，在长期观测天气变化的过程中，总结出很多预测天气变化的谚语。公元前 300 年，亚里士多德的学生提奥弗拉斯撰写了欧洲留存最早的一本天气谚语专辑《天气迹兆》，书中收集了大量的天气谚语。中国总结出来的天气谚语更是数不胜数，将这些谚语归纳起来，大致可分为看云识天、看风识天、看天象识天和看物象识天等几个方面。如"云往东，一场空；云往西，大雨到""东风雨，西风晴""南风吹到底，北风来还礼""日晕三更雨，月晕午时风""燕子低飞蛇过道，大雨不久要来到"，等等。气象不分国界，大自然的很多规律是相通的，一些有趣的世界性天气谚语，如中国广为流传的"朝霞不出门，晚霞行千里"这句谚语，在日本也广为流传，而美国人则说"傍晚天空红，水手乐无穷"；又如中国流传的"宝塔云，大雨淋"这句谚语，美国人则说"早上云如山，晚上雨成河"。

中国的许多气象台站起步之初，预报员通过学习和了解当地人民群众长年累月积累的天气经验，参考当地的天气谚语，以及动物在天气变化前的反应等来制作天气预报。随着科技的进步，预报员通过卫星、天气雷达和自动观测点等获取天气资料，运用计算机预报未来天气，就很少再使用气象谚语预测天气了。即便如此，很多谚语对于预报员仍能起到一定的启示作用。而现代科学证明，有的天气谚语具有丰富的科学内涵。比如，"天上钩钩云，地上雨淋淋"就是如此。钩钩云在大气科学中叫钩卷云，强烈的对流天气系统常常能形成大范围的卷云。因此，钩卷云一旦出现，就预示着产生降水的天气系统即将来临。另外，有些天气谚语还包含着朴素的哲学思想，如"热极生风，闷极生雨"，天气的变化确实是循着这个规律而发展的。

现代天气预报开始于天气图的诞生。早在 1820 年，德国人布兰德斯利用《巴拉丁气象学会杂志》上刊载的气象观测资料，将 1783 年 3 月 6 日德国各地同一时刻的气压和风的记录填在地图上，在莱比锡绘成了世界上第一张历史天气图。图面上虽然只有 39 个观测点的观测记录，但就是这张"貌不惊人"的天气图，从此拉开了天气学发展的序幕。1851 年，英国人格莱舍在英国皇家博览会上展出了第一张用电报收集各地气象观测资料而绘制的地面天气图。

但是，真正推动天气图得到快速发展和业务应用的原因，却是由于一次战争中成千上万士兵的死亡教训所引起的。1853～1856 年，为争夺巴尔干半岛，发生了沙皇俄国与土耳其、英国、法国和撒丁五国的战争。当时，土耳其建立了奥斯曼帝国，国土横跨欧、亚、非三洲。俄国为控制黑海海峡，伸足巴尔干半岛，于 1853 年 6 月寻找借口，出兵占领摩尔达维亚和瓦拉几亚。10 月，土耳其对俄国宣战。11 月，俄国舰队在黑海击溃土耳其舰队，引起英、法的干涉。为了阻止俄国势力的扩张，1854 年 3 月，英、法对俄宣战，这就是历史上有名的克里米亚战争。1854 年 11 月 14 日，英法联军包围了塞瓦斯托波尔，陆战队准备在巴拉克拉瓦港湾地区登陆。然而当时一场风暴突然袭来，黑海海面上掀起了滔天巨浪，风力达 11 ~ 12 级，法国军舰"亨利四号"沉没于黑海北部的佛斯陀，英法联军几乎全军覆灭。

风暴给当时的执政者拿破仑三世震动很大，法国作战部事后要求法国巴黎天文台台长勒佛里埃研究这次风暴。那时还没有电话，勒佛里埃就写信给各国的天文、气象学家，收集 1854 年 11 月 12 ~ 16 日 5 天内的气象情报。这一行动得到科学家们的大力支持，他一共收到 250 封回信。勒佛里埃依据这些资料，绘制了 5 张逐日天气图。经过认真分析，发现这次风暴是由一个低气压引起的。这个低气压开始出现在欧洲西部大西洋上，以后自西向东南移动，出事前两天，即 11 月 12 日和 13 日，西班牙和法国西部已受其影响，14 日就东移到了黑海地区造成法国军舰的沉没。

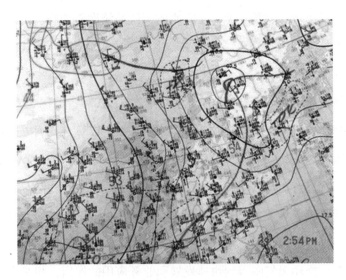

地面天气图

1855 年 3 月 19 日，勒佛里埃在法国科学院作报告时讲道："若组织气象观测点网，用电报迅速地将观测资料集中在一起，分析绘制成天气图，便可以推断出未来风暴的运行路径。"勒佛里埃的这一倡议，在法国乃至世界各国引起强烈反响。1856 年，法国组建了世界上第一个利用有线电报通信的正规的天气预报业务系统。受其影响，此后许多国家也陆续建立起天气观测点网。1863 年，法国巴黎天文台正式向本国和欧洲有关港湾发布大风警报。

伴随着地面天气图的出现，天气学的理论也在不断发展。20 世纪初，以皮叶克尼斯父子为代表的挪威学派，先后提出了气团和锋的概念以及锋面气旋的理论。这些理论成为现代天气预报理论的基础之一，不仅丰富了天气图的内容，而且使连续的天气图变成了能反映气团、锋面和气旋等天气系统变化、移动的"连续剧"，只要跟踪观测和分析这些多变的天气系统，就可以进行 1~3 天的天气预报。而且，这个气旋发展模式不仅是中纬度天气预报的重要理论根基，更是天气预报发展史上的一个里程碑。

1933 年，德国人谢尔哈格开始绘制高空天气图。1939 年，瑞典气象学家罗斯贝提出大气长波理论，成为现代天气预报的理论基础，也是天气预报发展史上的一个里程碑。它延长了天气预报的时效，开创了三维空间的天气分析，使制作 3~5 天的中期预报成为可能。

预报员应用上述天气学的理论和方法，通过分析高空和地面天气图上天气系统的移动和变化，就可以对某一区域未来的天气做出预报。

天气图的诞生至今已有 150 多年的历史，天气学理论和方法的发展至今也有 100 多年的历史。它们对推动天气预报的发展起到了重要的作用，具有划时代的意义。但是，不可回避的是，天气图方法在分析天气形势以及进行气象要素预报时，还存在着一定的主观和定性的成分，因而不够完全客观和定量。

20 世纪 40 年代前后，数值天气预报问世，定性天气预报向定量天气预报的跨越得以实现。

8.3.2 数值天气预报的由来

19 世纪，由于流体动力学和热力学的进展，物理学家已经掌握了支配大气运动的基本物理定律。在天气图诞生后不久，欧美等国的一些科学家就曾提出设想：可根据流体运动的物理定理，用数学的方法去描述大气如何运动，并通过计算得到大气的未来状态，从而制作出定量的天气预报，即所谓数值天气预报。

1890 年前后，美国气象学家阿贝（1868—1916）认识到气象本质上是流体动力学和热力学在大气上的应用。他在论文《长期天气预报的物理基础》中提出

阿贝　　　　　　　叶克尼斯　　　　　　　理查森

三位数值天气预报的先驱

一种气象预报的数学方法。

1904 年，挪威学者皮叶克尼斯（1862～1951）在世界上首次提出数值天气预报理论，认为大气的未来状态原则上完全由大气的初始状态、已知的边界条件和大气的物理方程（运动方程、质量守恒方程、状态方程、热力学方程）共同决定。也就是说，在给定大气初始状态和边界条件下，通过求解描述大气运动变化规律的物理方程组，可以把未来的天气"较精确地"计算出来。皮叶克尼斯不仅自己提出动力天气预报的理论方法，而且还将他的思想、观点逐步灌输给他的学生罗斯贝（1989～1957）、埃利亚森（1915～2000）和费约托弗特（1913～1998），他们后来都成了世界上著名的气象科学家。

1910 年，英国科学家理查森（1881～1953）首次提出直接用数学方法求解描述大气运动变化规律的物理方程组。他用未经简化的完全原始方程，取水平格距 200 千米，垂直 4 层，层顶为 200 百帕，中心位于德国，把 1910 年 5 月 20 日 07 世界时的气象观测作为初值，借助一把 10 英寸（1 英寸 = 2.54 厘米）的滑动式计算尺，制作出了世界上第一张 6 小时地面气压数值预报图，时间积分为 1910 年 5 月 20 日 04～10 世界时。可是，这张地面气压预报图"预报"的 6 小时气压变化为 146 百帕，实际观测气压几乎没有多大变化。从精度上看，该预报毫无参考价值，而且其计算时间花了将近一个月，从时效上也已毫无"预报"意义。

理查森估计，用当时的计算工具，要从时效上做出有"预报"意义的天气预报来，需要 64000 人同时进行模式计算才行。理查森的首次数值预报试验虽然失败了，但却是用原始方程模式的第一次尝试。

气象学家揭示出了大气中最主要的波动是罗斯贝波，这为数值天气预报简化模式发展奠定了大气科学理论基础。第二次世界大战后，地面和高空观测密度、范围大大增加，并出现大容量、高速电子计算机，为数值天气预报模式发展提供了可靠的基础条件和有力的计算工具。1950 年，查尼（1917～1981）等借助美国的世界首台电子计算机（ENIAC），用滤掉重力波和声波的准地转平衡滤波一层模式，也就是用简化模式，成功地制作出了 500 百帕高度场形势 24 小时预报，从而开创了数值天气预报滤波模式时代。

继查尼等成功之后，罗斯贝返回欧洲瑞典领导一个研究小组，也成功地利用瑞典制造的、当时世界上强大的 BESK 计算机，再现了查尼等的数值预报试验。4 年后的 1954 年，瑞典在世界上率先开始了业务上的实时数值天气预报，较之美国开始业务数值天气预报早了 6 个月。从这一年开始，数值天气预报从纯研究探索走向了业务应用，同时也意味着地球科学首先由大气科学开始从定性研究向定量研究迈出了坚实的第一步。

查尼并不止步于其滤波模式的成功，而是用非滤波原始方程模式进行了第二次尝试。准地转滤波模式对于研究认识副热带大尺度大气动力过程是很有用的，但是它太简化，精度不足以使数值天气预报研究应用不断发展，用原始方程模式取而代之就成了最可能的选择。要从滤波模式走到原始方程模式必须逾越两道障碍，一是理查森揭示出来的如何获取足够精度的初始水平散度场的问题，而水平散度不是气象观测变量；二是如何选择满足计算稳定条件的时间步长，这意味着若时间步长过短，对计算机能力要求过高而影响其可行性。查尼通过小时间步长和初始水平散度取为零的正压原始方程模式，试验证明了原始方程模式用于数值天气预报中是可行的。

查尼对非绝热和摩擦项、水汽凝结过程、辐射过程、湍流过程等物理过程的重要性和作用进行了研究，注意到次网格物理过程的参数化影响问题，引出了次网格参数化方案的使用。斯玛格因斯基（1924～2005）首先引入湿绝热过程参数化获得成功。20 世纪 60 年代中期，一批有影响的参数化方案相继提出，真锅淑郎（1931～）等提出了简单干对流调整过程参数化方案，并成功地用于许多数值天气预报模式中。20 世纪 60 年代中期，次网格物理过程参数化的重要性得到了确定，逐步走向成熟。

1965 年，包含有简单物理过程参数化方案，较完善的原始方程数值天气预报全球模式逐渐形成。斯玛格因斯基等提出了当时较高分辨率的 9 层大气环流模式，数值试验结果表明，该模式的设计构造是成功的，这是数值天气预报模式业务应用 10 年后，在数值天气预报模式设计上取得的重大突破，为现代数值天气预报模式的研究与应用奠定了重要基础。

中国是数值天气预报起步较早的国家之一。早在 1950 年，中国就开始了数值天气预报的理论研究工作。20 世纪 70 年代末之前，老一代数值预报专家曾先后尝试过两层模式、简单的北半球正压过滤模式、三层原始方程模式的开发和试验，但由于当时特殊的历史原因以及通信能力和计算机资源的限制，因而没有建立起真正意义上的数值天气预报业务。改革开放以来，经过 30 多年的发展，中国的数值预报进入了真正的大发展时期，中国已建立起比较完整的数值天气预报业务体系。截至目前，中期预报模式、区域预报模式已由中国自行研制，台风路径预报模式、海浪预报模式、环境预报模式、集合数值天气预报系统等也都相继投入业务运行，中国已发展成为世界上开展全球、有限区和中小尺度数值模式预报的主要国家之一。

8.3.3　数值预报的限制

由于受科技水平的限制，数值天气预报仍然存在较大的误差。一是模式不可能像照相那样把大气层描述出来，模式无论如何精细，始终都只是一个简化了的大气层，并不能把每一个真实的大气层要素和物理过程像工笔画一样给画出来。模式的网格距即使精细到 10 千米以内，仍会有较小的天气现象被漏掉。且同化资料是基于测点的分布，没有那么密布的台站，网格距越小，同化资料的误差也会越大，以至于失去真实的意义，成为数学游戏。这就涉及到观测资料和模式初始场与实际大气之间的误差，小的初始场误差，很可能会导致预报结果大的谬误。大气层原本就是一个非常混沌模糊的复杂系统，时空演变时刻不停，初始情况很细微的差别，很有可能产生极不相同的结果。模式数学方程组进行离散化时也会造成一定的误差，某种能够加大误差的运算，如果使用过多也会造成误差过大，次网格尺度物理过程的参数化方案也存在误差。

数值天气预报的预报时效是有限的，对于大气环流的预报时效可达到一周以上，而对于较小的天气系统，预报时效最多只有几天；对于夏季的短时暴雨等强对流天气，尺度更小，预测能力就更弱了。还需要寻找新的方法解决这些问题，于是就有了"蝴蝶效应"所引出的集合预报。

8.3.4 蝴蝶效应理论的问世

1963年，美国气象学家爱德华·诺顿·洛伦兹（1917~2008）为了预报天气，用计算机求解仿真地球大气的13个方程式，意图是利用计算机的高速运算来提高长期天气预报的准确性。为了更细致地考察结果，在一次计算时，洛伦兹对初始输入数据的小数点后第四位进行了四舍五入。他把一个中间解0.506取出，提高精度到0.506127再送回重新计算。当他喝了杯咖啡以后，回来再看时大吃一惊，本来很小的差异，使得前后结果的两条曲线相似性完全消失了，两个结果偏离了十万八千里。再次验算发现计算机并没有毛病，是因为一个微小的误差随着不断推移造成了巨大的偏离后果。

洛伦兹在一篇提交纽约科学院的论文中分析了这个效应。"一个气象学家提及，如果这个理论被证明正确，一只海鸥扇动翅膀足以永远改变天气变化。"在以后的演讲和论文中他用了更加有诗意的蝴蝶。对于这个效应最常见的阐述是："一只南美洲亚马孙河流域热带雨林中的蝴蝶，偶尔扇动几下翅膀，可以在两周以后引起美国德克萨斯州的一场龙卷风。"其原因就是蝴蝶扇动翅膀的运动，导致其身边的空气系统发生变化，并产生微弱的气流，而微弱的气流的产生又会引起四周空气或其他系统产生相应的变化，由此引起一个连锁反应，最终导致其他系统的极大变化。

洛伦兹认为，事物发展的结果，对初始条件具有极为敏感的依赖性。在大气运动过程中，即使各种误差和不确定性很小，也有可能在过程中将结果积累起来，经过逐级放大，形成巨大的大气运动。洛伦兹认定自己发现了新的现象，认

爱德华·诺顿·洛伦兹　　　　　洛伦兹曲线

定"对初始值的极端不稳定性"，就是"混沌"。由于他得到的图像很像一只张开双翅的蝴蝶，因而他形象地将这一图形以"蝴蝶扇动翅膀"的方式进行阐释，于是便有了"蝴蝶效应"的说法。

蝴蝶效应通常用于天气、股票市场等在一定时段难以预测的比较复杂的系统中。此效应说明，事物发展的结果，对初始条件具有极为敏感的依赖性，初始条件的极小偏差，将会引起结果的极大差异。"混沌"理论与我们的日常生活息息相关，从浪花的破碎、闪电的位置到股票市场的波动等，都存在"混沌"理论所描述的不确定性。"混沌"理论也说明了预报天气和其他自然现象时的能力有限。在不断努力追求更准确预报的同时，也必须看到大自然存在着极限。

8.3.5　集合预报方法的出现

1965 年，洛伦兹基于模式大气的初值敏感性，提出了一个解决数值天气预报不确定性问题的新办法，就是集合预报。初始状态不一样，数值预报就可能得出完全不同的预报结果；即使相同的初始状态，不同的模式也很可能得出不同的预报结果。随着预报时效的延长，这种差异越来越大。

集合预报是将模式的初始场稍做改变，然后再次做一次计算，得出预报。这样重复多次，得到一系列的预报，称为集合预报。如果集合预报的结果基本吻合，预报的可信程度较高。一系列的结果如果不吻合，集合预报显示可能出现不同的天气情况，对预报员也能提供有用的参考价值。

集合数值天气预报就是从一组初值出发，得到一组数值预报。因为得到这组数值预报所用的初值和模式过程彼此之间有一定的差别，所以就反映了前面提到的大气的不确定性。从而把过去传统意义上单一的确定性天气预报，变成不确定性预报。集合预报的目的就是尽可能使得到的这组不确定性预报包含未来大气可能出现的所有状态，从而达到提高预报水平的目的。集合预报是数值预报的一次革命，这是从"确定论"向"随机论"转变的思维模式。还有一点值得指出的是，集合预报并不是随便把几个数值预报放在一起。每个数值预报系统的建立都要有其合理性。

一个理想的集合预报系统应包括几个条件：一是从平均统计意义上看，集合预报中的每个结果的准确率应大致相同，某个或某些预报结果不应该总是比其他一些结果准确，否则集合预报方法就失去意义了。二是从平均统计的意义上看，一个具有 N 个结果的预报集合应该有（$N-1$）÷（$N+1$）×100% 的可能性包含大气的实际情况，其预报结果间的离散度同均值预报误差大小大体上相当，但现有的绝大多数集合预报系统的离散度均偏小。三是预报集合中成员间的离散度应该反映真实大气的可预报性或预报的可信度。离散度越小，可预报性越高，预报可信度越大；反之可预报性越低，预报可信度越小。

经过一个世纪的数值天气预报理论研究，以及半个世纪的业务化应用实践，现代的数值天气预报技术取得了迅速的发展。特别是最近一二十年来，随着大气探测资料的不断丰富，随着高速度、大容量的巨型计算机及其网络系统的快速发展，更是助推了数值天气预报的发展步伐。首先，由于遥感资料的增加，资料的四维同化和分析方案获得突破性进展，许多国家实现了商用飞机观测资料的同化，天气雷达、气象卫星、风廓线和自动气象站等资料的同化在提高数值预报质量方面起到了重要作用。欧洲中期数值预报中心和美国国家气象中心等已经建立全球资料变分同化系统，中期数值天气预报水平分辨率达到了 60 千米，垂直分层大于 30 层，数值天气预报可用时效中高纬度达到 8~10 天，低纬度达到 5 天。其次，有限区域数值天气预报模式正在全面向中尺度预报模式发展，从全球模式中引进边界值，从稠密的探测网中获取常规和非常规的观测资料，物理过程得到进一步完善，水平和垂直分辨率不断提高，德国气象局和美国天气局中尺度模式的分辨率已达到 2 千米，制作更精细的数值预报已成为可能。此外，由于大气是一个非线性的耗散系统，依赖于初值的确定性预报的时效是有限的，到了一定的时效有可能出现分岔。为了进一步延长时效，集合预报在许多国家先后发展起来，它对于延长预报时效，提高预报的精度和减少预报的不确定性等方面发挥了作用。

总之，数值天气预报已成为现代天气预报业务发展的主流方向。利用高性能计算机进行的数值预报是现代天气预报的核心，数值预报水平的高低也是衡量一个国家气象现代化水平的重要标志。

8.4 天气预报的分类和发布

每天清晨，当老人们起床后要外出晨练，当青少年学生背起书包要赶往学校，当中年人带好公文包即将奔赴工作岗位之前，大家都会不约而同地首先想到今天白天的天气如何。是否会刮风或下雨？要不要带雨具？晚饭后，当一家人围坐在沙发上观看电视节目时，都不会忘记观看天气预报节目，了解一下明、后天当地可能出现的天气状况，特别是准备到外地旅游或开会的人士还要关注目的地未来几天的天气状况。据统计，目前气象预报信息涵盖广播、电视、报纸、电话、手机、网络、电子显示屏等多种途径，公众覆盖率达到 90% 以上。全国各地电视天气预报节目多达 3000 多套，中国气象频道在全国 30 个省（区、市）的 279 个地级以上城市落地，电视天气预报已成为收视率最高的节目之一。然而，天气预报都有哪些产品，天气预报的发布和传播又有何规定，如何才能做到更准确地收听或收看到天气预报，却并不是每一个人都很清楚的。

天气预报按预报的对象，可分为常规、专业、专项和专题四种预报。其中，常规天气预报指的就是公众经常收听或收看到的天气预报，其内容包括天空状况（晴、阴、雨、雪等）、风向和风力、最高和最低气温以及相对湿度等气象要素；专业天气预报指的是针对某一专业领域的特殊需求而制作的天气预报，如航天、航空、电力、交通、海洋等天气预报；专项天气预报指的是针对重大工程建设项目或重大军事演习活动而制作的天气预报，一般不对外公开发布；专题天气预报指的是针对重要节假日（如国庆节、春节）、关键农时季节（如三夏、三秋）、关键时段（如高考、春运期间）以及重大灾害性天气或突发事件制作的专题气象预报服务材料。

天气预报按预报的时效，可分为中期、短期、短时和临近四种预报。其中，中期天气预报是指第 4 ~ 10 天的预报；短期天气预报是指 1 ~ 3 天，即 24 小时、48 小时和 72 小时内的预报；短时天气预报是指 12 小时内的预报；而临近预报则是指 2 小时内的天气预报。

天气预报是一种特殊的产品，2000 年 1 月 1 日起施行的《中华人民共和国气象法》，对天气预报的发布和传播有明确规定：

第二十二条：国家对公众气象预报和灾害性天气警报实行统一发布制度。各级气象主管机构所属的气象台站应当按照职责向社会发布公众气象预报和灾害性天气警报，并根据天气变化情况及时补充或者订正。其他任何组织或者个人不得向社会发布公众气象预报和灾害性天气警报。

第二十五条：广播、电视、报纸、电信等媒体向社会传播气象预报和灾害性天气警报，必须使用气象主管机构所属的气象台站提供的适时气象信息，并标明发布时间和气象台站的名称。

第三十八条：违反本法规定，有下列行为之一的，由有关气象主管机构按照权限责令改正，给予警告，可以并处五万元以下的罚款：（一）非法向社会发布公众气象预报、灾害性天气警报的；（二）广播、电视、报纸、电信等媒体向社会传播公众气象预报、灾害性天气警报，不使用气象主管机构所属的气象台站提供的适时气象信息的。

2007 年 6 月 12 日，中国气象局令第 16 号公布的《气象灾害预警信号发布与传播办法》也有明确规定：

第七条：预警信号实行统一发布制度。各级气象主管机构所属的气象台站按照发布权限、业务流程发布预警信号，并指明气象灾害预警的区域。其他任何组织或者个人不得向社会发布预警信号。

第十条：广播、电视等媒体和固定网、移动网、因特网等通信网络应当配合气象主管机构及时传播预警信号，使用气象主管机构所属的气象台站直接提供的实时预警信号，并标明发布预警信号的气象台站的名称和发布时间，不得更改和删减预警信号的内容，不得拒绝传播气象灾害预警信号，不得传播虚假、过时的气象灾害预警信号。

第十四条：违反本办法规定，有下列行为之一的，由有关气象主管机构依照《中华人民共和国气象法》第三十八条的规定追究法律责任：（一）非法向社会发布与传播预警信号的；（二）广播、电视等媒体和固定网、移动网、因特网等通信网络不使用气象主管机构所属的气象台站提供的实时预警信号的。

了解了这些规定，大家就可以明白，只有通过正规的途径和方法去收听或收看天气预报节目时，才能得到比较准确的气象预报信息。而目前有些网站、公司、宾馆、饭店等单位利用不同的媒介形式在传播天气预报时，往往都不注明是哪个气象台什么时间发布的，很容易转发过时甚至是错误的气象预报信息，这一点大家一定要注意。

随着科学技术的进步，大气探测技术得到了迅速发展。迄今为止，大气探测技术发展经历了 3 个阶段：以水银气压表发明和地面观测网站组建为代表的地面观测发展阶段，以探空仪发明和高空观测网站组建为代表的高空观测发展阶段，以及气象雷达使用和气象卫星发射成功为代表的近代大气探测技术发展阶段。20 世纪大气科学的迅速发展，得益于大气探测技术的发展。气象卫星已成为制作全球天气预报不可或缺的大气遥感技术；多普勒雷达可获得大气水平和垂直风场、降水滴谱、大气湍流等信息，新一代天气雷达可提供降水强度、径向风速、干线、阵风锋、龙卷涡旋、中尺度涡旋、下击暴流等信息；风廓线仪可测定风向、风速和垂直运动，对研究小尺度天气和强对流风暴等有重要价值；GPS 定位系统为高空探测技术的发展带来了新契机。

大气探测技术的发展，观测资料的日益丰富及不断揭示出新的观测事实，以及计算机技术的发展，促进了天气预报现代化的进程。20 世纪初，诞生了数值天气预报理论。1910 年，英国科学家首次提出直接用数值积分方程求解。1954 年，瑞典在世界上率先开始了业务上的实时数值天气预报。数值天气预报自此从纯研究探索走向了业务应用，大气科学从定性研究向定量研究迈出了坚实的第一步。经过一个世纪的数值天气预报理论研究，以及半个世纪的业务化应用实践，数值天气预报取得了迅速的发展，已成为现代天气预报业务的基础和发展的主流方向。数值天气预报技术不断发展和完善，使天气预报从一门技术发展为一门科学，从主观定性预报发展为客观定量预报。

9 专业气象与气象灾害防御

随着时代的进步、经济的发展和人民生活水平的不断提高，气象与各行各业的关系日益密切，人们对气象服务的要求也越来越高，依赖程度也越来越高。为满足国民经济各行各业的不同生产过程对气象条件的特殊要求，减少消耗和损失，提高效益，气象在其他行业的应用研究及专业气象服务应运而生，并在服务中发展。目前，应用气象研究及专业气象服务已涉及农业、林业、牧业、航天航空、工矿、城建、能源、交通、水利、环保、保险、旅游、储运、文化、体育、军事等多种行业。

气象灾害是指由气象原因造成的灾害，是自然灾害中最常见的一种灾害现象。气象灾害从大的方面可以分为天气灾害和气候灾害两类。天气灾害是指大范围或局地性、持续性或突发性、短时间强烈的异常天气而带来的灾害，如大范围的寒潮、大风等天气灾害或局地区域所发生的暴雨、冰雹、龙卷风等灾害。这些灾害常伴随有强风、暴雨和降温等。气候灾害是指大范围、长时间的、持续性的气候异常所造成的灾害，如长时间气温偏高、偏低，降水量偏多、偏少而形成的洪灾、干旱、低温冷害等灾害。许多气象灾害，特别是等级高、强度大的气象灾害发生以后，常常诱发出一连串的其他灾害，这种现象叫灾害链。灾害链中最早发生的起作用的灾害称为原生灾害，由原生灾害所诱导出来的灾害则称为次生灾害。气象次生、衍生灾害是指因气象因素引起的山体滑坡、泥石流、风暴潮、森林火灾、酸雨、空气污染等灾害。

9.1　农、林、牧业气象

9.1.1　农业气象

农业气象学是研究农业生产与气象条件之间相互关系及其规律的科学，是农业科学的基础学科之一，也是气象学科中应用气象学的重要分支。研究的目的在于围绕农业的发展与现代化，不断认识和解决农业生产中的气象问题，提出促进农业生产的最优气象条件和措施。农业主要是在自然条件下进行的生产活动，光、热，水、气的某种组合对某项生产有利，形成有效的农业自然资源；另一种不同的组合可能就会对农业生产有害，构成农业自然灾害。农业气象学的基本任务就在于研究这些农业自然资源和农业自然灾害的时空分布规律，为农业的区划和规划、作物的合理布局、人工调节小气候和农作物的栽培管理等服务，开展农业气象预报和情报服务，为农业生产提供咨询和建议，以合理利用气候资源。

（1）中国农业气象发展史

中国是世界农业起源中心之一，也是世界农业发展最早的地区之一，有近万年的历史。中国农业气象发展史是中国先民在长期农业生产中认识环境，利用气象环境和改造环境的历史。中国农业气象科技的发展和成熟在世界农业气象学发展史上占有光辉的一页，且独具特色。

中国原产的作物有黍、粟、稻、大豆、大麻、白菜、柑橘、枇杷、杏、李、梅、桃、枣、荔枝、龙眼等，最早驯化的家畜有猪、牛、马、鸡等，也是世界上最早养蚕的国家。中国土地辽阔、气候温暖、雨热同季，又有丰富的动植物资源可供农业利用，发展农业得天独厚。受季风气候影响，四季分明，这就决定了中国农业生产很强的季节性。

气象条件是农业生产不可脱离的自然环境，即使是最简单的种植、养殖活动也要掌握冷暖、干湿季节变化，因时而做，因地制宜，因而促使人们去观测、认识环境与农业的关系，于是产生了农业气象知识的萌芽，中国农业气象科技与特定自然环境密切相关。

中国的农业气候又有鲜明的地带性，从热带、亚热带、温带到寒温带，从干旱、半干旱半湿润、到湿润区都有。加以地形复杂，有平原、高原、丘陵和山地，气候垂直地带性也很强，因而决定了中国农业的区域性、地带性也很强。中国还是农业气象灾害频繁的国家，旱、涝、霜冻、冻害等连年发生，也是造成农业产量低而不稳的重要因素。可以说中国悠久的农业历史，多种多样的农事活动是推动中国农业气象科技发展的社会背景。在这样复杂多样的自然条件下发展农业生产，就要求人们更加细致地去认识气象环境、适应气象环境，探索防御灾害的技术，这是中国古代农业气象科技发展的自然背景。先民在长期农业生产活动中逐渐产生了农业气象的萌芽，并随着农业生产的发展逐渐形成独立的学科。这也就是为什么世界几大农业起源中心，唯有中国古代农业气象科技的发展历史悠久、丰富多样而又别具一格的原因所在。

中国古代把天气的冷、暖、干、湿、晴、阴、风、雨等统称为气。把动植物和其他自然物随季节变化而变化的现象称为候或物候。并概括为"凉、燠、寒、暑谓之气，草、木、鱼、虫谓之候，天变于上，物应于下"，其后又把这些概念系统化，定为"五日一候，三候为气，六气为时，四时为岁"，所以中国古代所说的时或天时具有季节、气象气候条件的概念。农时即农业气象条件。这就构成了中国古代传统的农业气象概念。

农候占验是中国古代对未来天气、气候及其对农业影响的判断或预测。早在3000年前的商代，农候占验就已盛行。从殷墟出土的甲骨文中，有不少农候占验的卜辞。

公元前2世纪以前春秋时代成书的《尚书·洪范》中谈到气象与农业生产的关系时指出：雨、旸（晴）、燠（暖）、寒、风，"五者来备，各以其叙，庶草蕃庑"也就是说风调雨顺才得以丰收。公元前3世纪以前战国时代荀况说过："春耕、夏耘、秋收、冬藏四者不失时，故五谷不绝而百姓有余食也。"孟轲有"不违农时，谷不可胜食也"的论述。《周礼》中写到"天有时，地有气"，"天有时以生，有时以死，水有时以凝，有时以泽，此天时也"。《吕氏春秋》中有"得时之和，适地之宜，田虽薄，收亩可十石"。东汉时代许慎在《说文解字》中解释农字"農从辰，辰时也"，都是说的农与时的关系，表明中国传统的气、候、节、时的农业气象概念是早已形成，并广为应用了。

北魏贾思勰在《齐民要术》中指出："顺天时量地利则用力少而成功多，任情返道劳而无获。"宋代陈旉《农书》中有"万物因时受气，因气发生"，"农事必知天地时宜"才能丰收。元代王祯《农书》有"先时而种则失之太早而不生，后时而艺则失之太晚而不成"，"智者不能冬种而春收"。明代徐光启编的《农政全书》中授时、占候各为一卷。清代乾隆皇帝钦定大型农书更名为《授时通考》。该书在序言里写道："盖民之大事在农，农之所重惟时。""敬授人时农事之本。"把农时问题摆到了突出地位。反映出中国古代一脉相承的传统农业气象概念。

中国古代比较全面讨论作物与农时关系的著作，最早当推《吕氏春秋·审时篇》，这部书成书于公元前239年的战国时代末期。主要讨论了谷子、黍、稻、大麻、大豆、小麦等六种作物适宜播种、早播、晚播对这些作物的植株生长、穗、粒、品质、营养等的影响。例如，得时的谷子，穗子总梗长，穗子也大，根部发达，秆却不高，穗上的码子疏，而谷粒较大，粒圆，糠皮薄，油性大，吃着有劲，这样的谷子不容易因风落粒。先时的谷子，茎和叶上的细毛明显，穗子总梗短，穗子也短，子房脱落，米有异味，吃着不香。后时的谷子，茎叶上细毛明显，穗子总茎短，穗子尖而青，秕子很多，子粒不饱满。在两千多年前对农时与作物关系的观测得如此细致，反映了当时的科技水平已是很高。

西汉时代《氾胜之书》中关于作物与农时的关系的论述也很多。如："种麦得时无不善，夏至后七十日可种宿麦（冬小麦），早种则虫而有节，晚种则穗小而少实。"这里的"虫而有节"可理解为容易遭虫害和冬前拔节。

明清时代，人们对作物与气象的关系认识已很深刻。徐光启《农政全书》中提到："麦属阳，故宜干原，稻属阴，故宜水泽。"在分析到上海棉花死苗原因时指出：山东的纬度比上海高六度，更寒，但是棉花清明下种却不死，"深求其故（上海棉花）所以不禁寒冻者，大抵在于根浅"。明确了土温根系发育与棉花受冻的关系。他还分析了棉花蕾铃脱落与气象的关系，指出"郁蒸"（不通风、空气湿度大）和"燥"（高温）是引起棉花蕾铃脱落的原因。

清代杨屾进一步提出了农田通风透光的见解："燥湿从乎天性，疏密顺其元性，纵横成行，自便耘籽之功，高下相均，各通风日之气。"明清时代多熟制得到广泛的发展，对农业气候资源的利用更加充分。《农政全书》中提到上海地区已广泛实行麦棉套种。清代包世臣《齐民四术》中提到种植间作稻。《福州通志》记载，福建当时已有麦－稻－稻一年三熟的种植制度。

近代农业气象是由近代气象学渗透、应用于农业为特征。17世纪在国际上气象学已成为一门独立的学科。1873年9月，在维也纳成立了国际组织（IMO）。1880年IMO召开了农业气象和森林气象会，推动各国开展农业气象工作，近代农业气象科技受到国际的关注。

1903年（清光绪二十九年），日本人川源三郎的《农业气象学》刊载于《农学报》。1907年，上海新学会出版了《农学全书·气象学》，中国传统的农业气象观念逐渐被近代农业气象知识所代替。在当时的历史背景下，农业气象科技谈不上在农业上的应用，但从学科发展角度看，自1840年以后，中国的农业气象科技确实进入了一个新的时期。

1911年辛亥革命后，中国人才开始自己兴办气象事业。1912年直隶农事试验总场设的农业测候所开始观测，这是中国在农业部门设立的第一个气象站。1914年，北洋政府农商总通令各省农业机构设立气象测候所。1915年，蒋丙然著《实用气象学》。1921年，竺可桢在《东方杂志》上发表《论中国应多设气象台》一文，提倡发展气象事业，文中讨论了气象台与农业："气象台之责任在于测量各省温度之高下，雨量之多寡，依其结果不难分全国为若干区，或应植棉，或应为米，或利畜牧，或利森林，进而调查各地地岁中气候之变态，而定种植之时期，万事俱备时最宜播种，何时最宜收获。即同一地也，而各年温凉旱潦不一致，故农夫播种而后，各区气象台宜注意本期之气候是否宜于所植农产之发育及生长。"初步勾画出了农业气象的方向、任务及前景。1922年，竺可桢又在《科学》第7卷第9期上发表《气象与农业关系》一文，倡导农业气象学，成为中国近代农业气象学的奠基人。

从1840年到辛亥革命的70年间，中国处于列强对中国的入侵、割据时代。从辛亥革命到新中国成立的近40年间，中国又经历了军阀混战、北伐战争、抗日战争、解放战争，尽管一些有志于发展中国农业气象事业的先驱者曾多方努力，但近代中国农业气象事业的发展却很缓慢，对农业的贡献更谈不上。

中国现代农业气象学的建立，并取得突飞猛进是 20 世纪 50 年代以后的事。新中国成立了专门的农业气象研究、教学、业务管理机构，有组织、有计划地开展农业气象研究、教学和业务活动，为中国农业的发展做出了重要贡献，培养出大批的专业人材，中国农业气象科技水平得到迅速提高，成为当今世界上农业气象事业较为发达的国家之一。

1953~1958 年，新中国农业气象处于初创探索时期。第一个五年经济建设计划，农业生产对气象工作提出了许多要求，因此开始筹建中国农业气象科研和业务机构，建立起一批试验研究机构和观测网，并在高校和中等专业学校创办农业气象专业。由于缺乏经验，照搬了苏联的经验，工作带有一定的盲目性。这个时期是探索发展中国农业气象工作的道路与方法的时期。

1959~1966 年，新中国农业气象处于发展 - 调整 - 稳步发展时期。第一次南京全国农业气象会议总结了前一时期的经验教训，提出大力开展农业气象服务、大抓农业气象指标研究，总结出结合天气预报、历史气候资料、群众经验和实况观测的农业气象预报方法，大大地推动了当时各级气象台站的农业气象业务与服务。1964 年在苏州召开的中国气象学会农业气象学术会议和全国农业气候区划会议，交流了各地服务工作经验与试验研究成果，制定了农业气候区划工作的规划。不到两年的时间，已有十几个省级和少数县级初步完成其农业气候区划。这一时期，中国农业气象在科研、服务、业务和人员培养等方面都有较大的发展。

1967~1976 年，农业气象工作受到严重干扰，处于停滞时期。十几年建立起来的农业气象基础几乎被破坏殆尽。尽管如此，不少基层单位仍然排除干扰，根据当地农业生产的需要，积极开展服务，科研教学单位也都各自根据条件做些力所能及的工作。

1976 年特别是 1978 年后，农业气象工作经过恢复、整顿、已得到扎实、稳步的发展。重新组建了农业气象基本观测网，增加了大农业的观测内容，改进了观测方法。开展了各种形式的农业气象服务，不断改善与充实服务手段与内容，并逐步向自动化与定量化方向发展。完成了全国的、省的和大部分县的农业气候资源调查与区划。农业气象试验研究发展迅速，研究领域不断拓宽与深化新的手段与技术陆续引入，并已取得可喜成果。1985 年在北京召开的第二次全国农业气象工作会议上明确了业务指导思想和农业气象工作发展方向与基本任务,并要求创立具有中国特色的农业气象技术方法和农业气象理论。

进入 21 世纪,中国的农业气象事业进入快速持续发展阶段。中国农业正处在由传统农业向高产、优质、高效、生态、安全和可持续发展的现代化农业转变的关键时期,随着经济社会的发展,人们对蔬菜、水果、肉、蛋、奶等的需求越来越高,设施农业、特色农业、畜牧业、水产养殖业等新型农业产业领域蓬勃发展,促使农业气象适应形势,由传统种植业为主的领域逐渐向上述新型农业产业领域拓展。另外,随着计算机和信息技术的发展,信息传播方式多种多样,方便快捷,自动化程度越来越高,大大增强了服务效果。另外,随着科研开发力度的加大和科研成果的应用转化,农作物产量预报、农业干旱综合监测预警技术、农业病虫害发生发展气象等级预报等农业气象技术方法得到了较快发展。"十五"期间,开展了华北农业干旱、东北作物低温冷害、江淮小麦油菜渍害、华南经济林果和水产寒害等农业气象研究。应用 GIS 和计算机网络、通讯等技术,向农村、农民提供农业气象服务。

在科学发展观的指导下,中国农业气象以粮食安全保障、农业防灾减灾、农业应对气候变化为重点,以围绕服务新形势下现代化农业发展需求与公共气象服务为引领,正在开始实现由传统农业气象向现代化农业气象转变,将更好地为现代化农业、农村经济建设,为农民生产生活提供全方位、多元化的有效的专业气象服务。中国农业气象进入了一个新的历史发展阶段。

(2)农业气象研究领域

现代农业气象学的主要研究领域有作物气象、畜牧气象、林业气象、病虫害气象、农业气候、农田小气候和小气候改良、农业气象预报、农业气象观测和仪器等。

1)作物气象

作物气象研究的是作物生长发育、产量形成和产品品质等与气象条件的相互关系,目的是为促使作物合理布局与丰产栽培以及为发展生态农业、设施农业、立体农业、庭园经济等提供气象依据。

作物的生长、发育和产量形成,同气象条件的光、热、水、气有密切的关系。作物生产的实质是一个能量转换、物质循环和积累的过程，影响作物生长发育和产量形成的外界环境因素，首先是太阳辐射。但在自然条件下，光照条件往往不是限制因子，对当前农业生产水平起限制作用的主要是温度和水分，而空气又是作物生存的重要因素和物质来源。农业气象着重研究的是二氧化碳，它是作物光合作用形成有机物质的原料。

2）光与农业生产

万物生长靠太阳，地球上所有生命都靠来自太阳辐射提供生命活动的能量。光对植物的作用有光合作用、光周期效应和向光性效应三个方面。不同波长的辐射对植物有不同的影响，太阳光谱中决定植物光合作用的主要是 0.38 ~ 0.71 微米波段的可见光，称之为光合有效辐射，光合有效辐射一般占总辐射的 45% ~ 53%。

绿色植物吸收太阳光能合成有机物质，把太阳能贮藏于生物有机体中，植物的光合作用几乎使所有的有机体与太阳辐射之间发生了最本质的联系。没有光，不能产生叶绿素，也不能进行二氧化碳的合成，光是植物光合作用的能量源泉。光对植物的热效应，由于植物的蒸腾，不致使植物体温过高而"灼"死。光还影响植物营养体形态的建成和生长发育以及叶的方位，也影响着植物的地理分布等。

光对生物有机体的影响是由光照强度、光照长度、光谱成分的对比关系构成的。它们各有其时空变化规律，在地球表面上的分布也是不均匀的。光的这些特点及其变化，都对有机体生长发育和产量形成产生影响，如光照强弱和光谱成分不同，会影响植物的光合强度、刺激和支配组织的分化以及形态建成等，在某种程度上，决定着植物器官的外部形态和内部结构。日照时间的长短则制约很多植物的开花、休眠、地下贮藏器官的形成过程。而光谱成分也不是所有波段都对光合合成起有利作用，有些波段甚至对植物有害。

合理密植是充分利用光能、空间、地力，提高植物光能利用率以达到产量最大化的重要措施。合理密植的关键是栽植密度要合理，不能过大。如果过大，会使叶片互相遮阴，植株中、下部的光照减弱，结果反而降低总叶片的平均光能利用率。过于密植还会引起田间通风不良，不利于作物层内 CO_2 的运输和供应，易引起倒伏、病害等现象。

昼夜间光照与黑暗的交替及它们的长度对植物结实有很大的影响，有的植物只有在日照长度小于某个值时才能开花，延长日照就不能开花结实，如水稻、玉米、大豆、烟草、棉花等原产于热带和亚热带植物，称之为短日性植物。有的植物只有在日照长度大于某一个值时才能开花，缩短日照就不能开花结实，例如大麦、小麦、油菜、胡萝卜、洋葱等原产于高纬度的植物，称之为长日性植物。有的植物对于日照的长短没有要求，在长、短日照下都能正常开花，如番茄、四季豆、黄瓜等，称之为中间性植物。利用植物的这种特性，通过延长或者缩短日照时间可以控制花卉植物的花期。

3）温度与农业生产

温度作为热量条件的标志，对生物体的影响是多方面的，不仅影响其生理生态特征、分布、同化、呼吸及其蒸腾等各生理过程、生长发育与产量形成，还影响产品的产量与质量等。

无论何种生物的生命活动都需要在一定的温度范围内才能进行，生物的每一生命活动都有其最高温度、最低温度和最适温度。植物、变温动物和微生物都是在最适温度下生命活动最活跃，低于最低温度或高于最高温度，都会停止生长。温度指标是指作物生长发育的下限温度、最适温度、最高温度、致死温度和积温等。积温是作物生长发育阶段内逐日温度的总和，它是衡量农作物生长发育过程的一种标尺。农作物通过某一发育阶段或完成全部生长发育过程所需的积温为一个相对固定值。

温度对光合作用强度的影响有两种效应：一方面温度增高时光化学过程加快而使总光合作用强度增加，另一方面温度增高时呼吸消耗增加。因此净光合产物在初期随温度升高而增加，而当超过最适温度以后，净光合产物则随温度升高而减少。

温度对作物品质的影响有多种表现，如草莓在形成甜味和红色时要求中等到较高的温度，但在形成特有香味时要求10℃左右的温度，春季第一茬种植后的早晚可以遇到这样的温度，香味较浓，而后几茬种植由于温度较高香味就差。温度日较差大一般有利于糖分积累，这是哈密瓜和吐鲁番葡萄香甜举世闻名的主要

大棚种植

原因。吐鲁番葡萄品质好还得益于那里的夏季炎热和空气干燥，能使葡萄很快风干。番茄开花受精遇低温幼果发育不良容易成畸形果，春播小萝卜在春寒年也易分杈、纤维多，品质下降。

温度条件是作物引种时考虑的一个重要因素。《晏子春秋·杂下之十》中有"橘生淮南则为橘，生于淮北则为枳"的描写，主要是因为淮北热量条件不能满足橘子的生长造成的。一般来说，北种南引比南种北引容易成功，草本植物比木本植物容易引种成功，一年生植物比多年生植物容易引种成功，落叶植物比常绿植物容易引种成功。

4）水分与农业生产

水是重要的农业自然资料，降水量及自然水体贮水量的多少，决定了一个地区的农业类型，如旱地农业、灌溉农业、雨养农业、水田农业等。

水分的多少影响着生物体的各个方面。水分是植物制造有机物的原料。农作物进行光合作用，合成有机物必须不断供给水分。少水时发生干旱，光合作用停滞，植物萎蔫；水分过多，则发生涝害。叶片的水分蒸腾也是植物根系吸收水分和养分的动力之一，蒸腾作用还调节植物的体温，保持在一定的范围内。叶片光合作用制造的有机物输送到根、茎、花、果实等器官和组织中去，都必须有水分作为介质，水分是植物支撑的主要因素之一。

干旱

蒸散量是由作物叶面蒸腾和土壤表面蒸发造成的农田水分损失量，它是决定农田水分状况、作物光合作用和生长状况的重要因素。土面完全被植物覆盖和土壤充分湿润时的蒸散量称为可能蒸散，实际蒸散量与可能蒸散、土壤含水量和植被覆盖状况关系密切。

水分指标是反映农田水分状况对作物生长发育的影响的指标，常用土壤湿度和蒸散量来表示。一般划分为过干、适宜、过湿三个等级，大多数旱地作物的适宜水分指标为土壤相对湿度60%～80%。水分亏缺对产量影响十分明显，根据土壤水分的多寡影响作物生长和产量的程度，可确定作物旱害或湿害的指标。

全世界陆地约有1/3的地区处于干旱半干旱状态，即使非干旱区、半干旱区，也会遇有干旱季节，可见蓄水保土的重要性，少耕免耕法、覆膜栽培技术、蓄水保水理化方法等，对于保墒、提高水资源的利用效率，都有很好效果。

5）农田小气候和小气候改良

小气候是指由于地形、下垫面特征或其他因子引起的小范围的气象过程或气候特征。由于耕作措施和农作物群体动态变化的影响，改变了农田活动面状况和物理特性，导致辐射平衡和热量平衡各分量的变化，从而形成不同类型的独特的农田小气候。而农田小气候又反过来影响农作物的生长发育进程和产量形成。

农田小气候自动观测

小气候改良包括温室、阳畦、塑料大棚、塑料薄膜地面覆盖、风障、农田防护林、蒸发抑制和土面增温剂等。

温室气候是温室内的微气象过程和微气候特征，它是一种人工调节的小气候。由于玻璃对于入射的短波辐射的透过率大于向外的长波辐射的透过率，使得温室具有白天高温的特征。此外温室的结构、方位、屋面坡度、屋脊高跨比，以及使用的透光材料均对温室内的光照度和温度的分布及其变化有显著影响。

覆膜栽培能直接防止地面蒸发造成的水分损失，可以有效利用土壤水分，而且能使土壤中的水、肥、气、热各条件互相协调。覆膜栽培有保水效应，膜内部与地面之间形成不透气小气室，切断了交换通道，有效地抑制了蒸发；有增温效应，提高土壤与膜内温度，另外，覆膜栽培大大减少了蒸发耗热，北方早春一般地温可提高 2~4℃，可以使作物早播种、早出苗，出苗健壮，从而达到早熟的目的；覆膜栽培有光照效应，苗破膜生长后，膜的反射强，增加了下层叶片的受光量；覆膜栽培有灭草效应，膜内生长的杂草因膜下温度高而烫死；覆膜栽培有保肥效应，避免了土壤水分大量蒸发和因降水而引起的板结、淋溶和肥料流失，膜内温度高，土壤微生物活动强，促进土壤中有效养分的转化。

少耕免耕法就是一次完成多种作业的耕作法，还有将种子播在条带中，各条带之间不进行耕翻，犁耕和播种一起完成。少耕免耕可以减少土壤水分蒸发，增加降水入渗，提高水的利用率，减少能源消耗和机械投资，增加土壤有机质和团粒结构，可以提高肥力。

除了上述人工调节小气候的措施外，近年来由于自动化技术的发展，完全由人工控制光、温等气象条件的人工气候室或植物生长箱已在农业研究中使用。在蔬菜和珍贵植物栽培方面，也已出现了人工调节气温、湿度和二氧化碳浓度，并采用无土栽培技术的自动化的植物生产工厂。

随着人们生活水平的提高，作物产品质量已越来越引起人们的重视。它对农业气象也提出了新的要求，从而为作物气象开辟了一个新领域。

9.1.2 林业气象

林业气象是农业气象学的一个分支，研究林业生产与气象条件的相互关系及其规律的科学是林业气象学。林业气象是研究森林群落中的气象场结构和特征，以及这种气象场对其周围大气场的影响范围和强度。气象因子对于森林也是有作用的，如气象条件的变化对森林育苗、营休、采伐、更新以及森林群体的生理生态等都会产生不同的影响。温度、水分、风等气象因子对森林的组成和分布有重要的影响，热带植被主要是热带雨林，寒温带植被主要是落叶松，中国年降水量大于 400 毫米的地区才有森林。

森林对大气具有多重影响，可以调节和改造气候，防御农业气象灾害，改善农业生产条件；保持土壤、防风固沙，防治干旱化与沙漠化；保蓄水分，涵养水源，防止水土流失，造林就是造水；净化空气，减少和防治污染；减少燥声，保护和美化自然环境，以及影响全球水分循环、热量平衡和二氧化碳收支等。

林业气象就是在揭示林业生产与气象条件的相互关系及其规律，并根据维护生态平衡和林业发展的需要，运用气象和林业科学技术，既利用和开发自然环境，又利用和改造生物体本身，形成自然环境－生物－人类活动的良性循环系统，不断发展生态平衡，同时使人类能持续地获得他们所需要的生产、生活用品。

9.1.3　畜牧气象

畜牧气象也是农业气象的一个重要方面。主要研究气象条件与畜牧业生产之间的关系及其变化规律，包括气象条件对畜禽生育、引种、疾病防治、放牧和舍饲、牧草生长以及畜禽产品的储藏、运输、保鲜的影响等。畜牧气象的研究还可为制订畜牧气候区划提供依据。

9.2　水文与电力气象

9.2.1　水文气象

水文气象学是指研究地表和低层大气间水分和能量交换的气象学和水文学分支，是使用气象学与水文学的原理和方法，针对水文循环、水分平衡中与降水、蒸发、土壤水含量、径流等相关问题进行研究，属于气象学和水文学之间的交叉学科。其主要研究内容包括地球系统中降水的监测与预报，以及暴雨致洪、渍涝、洪涝和干旱等水文气象事件的形成机制与预测技术，并应用于水库调度与管理、气候变化影响评估，水资源开发与合理配置，对工农业生产、水土保持、水利水电工程的规划设计、国民经济的可持续健康发展都有着极其重要的影响。水文学自 20 世纪 30 年代以来快速发展，水文学与气象学逐步有机结合，水文气象学形成了具有独立体系的一门学科。目前，我们国家在水文与气象的分支学科上，与世界先进水平差距不大，但是水文气象这个边缘学科却是一个十分薄弱的环节。不仅在理论研究上做得不多，而且在应用方面也很落后，如果说，在过去的几十年里，仅仅依靠水文学就可以基本满足水利工作的需要，那么，在国民经济和科学技术发展的新的形势下，传统的方法已经远远不够。

水文气象学的发展依赖于气象科学与水文科学的发展。降水是水文气象学主要研究对象之一，其定量预报技术一直是气象学研究的热点之一。数值天气预报的出现与发展使降水预报技术逐步从天气图法向数值天气预报转变。数值天气预报理论的表述最早来自于挪威科学家贝杰克尼斯。随着 20 世纪 50 年代计算机技术的快速发展，查尼等吸取了理查森的失败经验，基于卡尼和罗斯贝等的工作基础，利用正压一层的过滤模式计算出了第一张数值天气预报图。随着计算机与遥感技术的快速发展，降水预报已经完成从天气图法转换至基于数值预报模式的天气预报新模式。水文学自 20 世纪 30 年代以来开始由实用性的方法向一门独立的科学转变，由此产生了一大批具有奠定性的产汇流理论。为了解决其逻辑推理上不严密，方案不规范、不客观，在时空上不能外延等缺陷，水文学者尝试利用数学方法去描述和模拟水文循环的过程，由此萌生了流域水文模型的概念。随着计算机与遥感技术的快速发展，流域水文模型研究进入了分布式水文模型的研发应用阶段。

就降水预报而言，水文气象学与气象学没有什么不同。水文气象学的降雨（或融雪）预报是针对河道防汛、水库防洪、水利调度以及工程施工的实际需要而进行的专业化预报。降雨（融雪）、洪水、洪灾三者既有内在联系又有本质差别。降雨（融雪）不等于洪水，必须在一定流域下垫面和水系情况下才能造成洪水。洪水也不等于洪灾，造成洪灾有多方面原因。因此水文气象预报力图将大气环流等气象条件与水文特征紧密联系起来，把降雨的天气模型与洪水模型结合起来。一般在进行降雨预报的同时，还根据河流流域地貌、流域水分状况、水利工程质量和标准，以及降雨和径流的关系等因素，针对防洪要求做出未来暴雨、洪水可能发生地区的预报；鉴别和判断流域发生洪水的可能性；洪水发生后，预测洪水发展趋势，以及库区来水预报等。

为了提高暴雨落区、落点、落时预报的精度，已发展一种以气象卫星、气象雷达、常规气象观测资料相结合的暴雨监视和短时预报，预报时效为几小时到十几小时，预报精度较高。它有可能将降雨预报和洪水预报完全结合起来，从而延长洪水预报时效并提高洪水预报精度。这就需要我们进行降水量和蒸发量的估算。

可能最大降水是指特定流域范围内一定历时可能的理论最大降水量。这种降水量对于大型水利枢纽的设计运用是十分重要的。一般这些工程要采用可能最大洪水作为保坝标准。推求可能最大洪水的方法之一，是先确定可能最大降水。确定可能最大降水的方法很多，概括起来有两种。一种是暴雨（或融雪）频率分析，即根据实测的和调查的暴雨（或融雪）资料，推算出极为稀遇频率的降水量，一般称为统计学方法。另一种是根据形成暴雨的基本因素水汽和动力条件，拟订合理的模式，使这些影响因素的指标极大化，取其在气象上所能接受的物理上限值，然后将这些指标组合在一起，构成更严重的、但在气象上和水文上可接受的时序，一般称为气象成因法。此外，还有暴雨移置法等。中国可能最大降水的估算工作自 1975 年后得到了迅速的发展。1977 年编绘了"中国可能最大 24 小时点雨量等值线图（试用稿）"以及相应的"中国实测和调查最大 24 小时点雨量分布图""中国年最大 24 小时点雨量均值等值线图"和"中国年最大 24 小时变差系数等值线图"等。

水体蒸发包括水面蒸发和流域总蒸发。水面蒸发，指某一地区大水体的水面蒸发量，一般用蒸发器测定水面蒸发，但由于蒸发器与实际水体的自然条件不同，器测的蒸发量一般均大于自然的水面蒸发，且随器皿的形式、安装方式和不同季节而异，因此必须通过实验，求出蒸发器的折算系数，以此估算实际蒸发量。另外，也可根据蒸发控制因素的观测资料，即通过水体热量平衡、水量平衡等一些气象、水文因素间接计算出水面蒸发量。流域总蒸发，又称陆面蒸发，一般以 E 表示。系指流域或区域内水体蒸发、土壤蒸发、植物散发、冰雪蒸发和潜水蒸发的总和。通常由流域多年平均的降水量（P）与径流量（R）的差值 $E = P - R$ 间接求得。流域总蒸发的大小受可能蒸发和供水条件（即蒸发面上可以获得水分补充的程度）的制约。在干旱和半干旱地区，由于降水稀少，可能蒸发率大大超过供水能力，流域的年总蒸发接近或等于年降水量。湿润地区，流域总蒸发和本区的水面蒸发接近或相等。半湿润地区的陆面蒸发介于上述两种情况之间，即受供水条件或可能蒸发的控制。就海洋和大陆而言，海洋上的蒸发量大于降水量，大陆上的蒸发量小于降水量，因此必须有海洋向大陆的水分净输送。

近30年来，气象学与水文学的快速发展，也使得水文气象学迅猛发展。随着社会经济发展对水文气象产品的要求越来越高，现代水文气象研究主要集中在面向流域的定量降水估测与预报技术、流域水文模型以及水文气象耦合预报技术三方面：

实况降水的空间分布精度直接影响流域面雨量以及水文预报效果。目前，遥感信息在水文气象领域的广泛应用为提高水文-气象预报准确率提供了很好的契机，基于天气雷达、卫星遥感的定量降水估测技术已经成为获取流域高分辨率的降水实况分布场的重要手段。如何更好地融合天气雷达、卫星遥感及地面雨量计实况降水等多源信息，以获取更精确的降水信息的理论和技术方法，是水文气象领域有待进一步研究的难点之一。在洪水预报中引入定量预报降水是延长洪水预报预见期的重要手段与方法。因此定量降水预报产品的准确率对于预见期内的洪水预报特别是洪峰预报效果尤为重要。随着数值预报技术特别是集合预报技术的不断发展，多模式集合预报降水集成已经成为定量降水预报的主要手段与依据。由于世界上的数值预报模式在各个区域的预报效果不尽相同，如何在多模式融合时赋予各个模式预报降水产品合适的权重系数，以提高区域定量降水预报精度，也是世界水文气象学家现阶段的研究热点。

流域水文模型在防汛减灾、政府决策服务中起着至关重要的作用。分布式水文模型已经成为流域水文模型发展的重要方向。流域水文站网分布密度及其观测数据不足，一些基础性的数据由于各种自然因素或人为因素的限制而无法获得，是限制水文模型进一步发展的重要因素。如何突破时空尺度限制，减少模型在预报中的不确定性，提高预报/模拟效果是分布式水文模型发展方向之一。

大气模式与水文模式的耦合研究大多数停留在气象-水文的单向耦合研究上，基于集合预报的水文集合预报技术已经成为世界上气象、水文部门的水文气象预报业务与科研中采用的主要方式。中国在这方面的研究相对较晚，但经过前期的研究，也取得了非常有应用价值的水文集合预报研究成果。

气象–水文双向耦合模式不仅提高数值模式的定量降水预报精度，还可以实现洪水预报，受到了水文气象学者的关注。选择合适的流域水文模型进行耦合是构建双向耦合模式的关键因素之一。大气模式与水文耦合模式的难点在于时空尺度的匹配问题上。发展更为合理的动力与统计相结合的水文–气象耦合模式，提升水文气象预报精度，延长洪水预报的预见期，是增强防汛减灾决策服务能力的重要手段。

9.2.2　电力气象

电力气象主要是研究天气对电力生产、电力调度等方面的影响及防御措施。电力行业的诸多生产环节与气象有着密切的关联。相关研究表明，天气对于电力生产、电力输送、用电调度、电力设施维护等主要环节都具有重要影响。在中国，电力行业整体的气象敏感度仅次于农业和水利行业，居气象敏感行业第3位。目前电力气象研究主要集中在三个方面：一是天气变化对城乡居民生产生活电力负荷的影响。二是气象条件对电力部门电力生产、电网建设、电力调度等方面影响的监测预报。三是电力行业气象灾害预警和防御系统建设。

电力能源企业在实践中早就认识到，电厂负荷和天气关系很密切。夏季温度如果比常年高，供电部门的负荷和生产成本将增加，与此同时，用户的用电量也会增加。反之，如果遇上凉夏，供电商的负荷和生产成本将降低，用户的用电量也将减少。此外，雨量有时对电力公司的电力供应也有影响。如德国一家能源公司夏季为当地农民供电，用来抽水灌溉。在多雨的夏季，农民用电量明显减少，对该公司的电力销售产生很大影响。天气对用电量的影响相当大，气象因子能解释其波动方差的85%~90%。人们很大程度上可以通过在国际金融市场交易天气衍生指数，来规避电力行业销售波动的巨大风险。此外，人们利用分析得到的天气和用电量的相关关系，不仅可以估计某个季节的销售受天气的影响，还可以做未来几天和几周的逐日电量销售的预报。根据以上结果，通过使用最新的天气预报技术，可以提前2~3周做用电量变化的预报。

通过对供电部门的调查和对历史资料分析发现：降水、温度、雷电、大风、大雾等天气对供电影响较大。降水：电器设备的高空安装作业易受影响。影响铺设地下高压电缆。易影响大型变压器、油压开关等检修。易造成燃料煤过湿，影响发电。零星小雨或毛毛雨：供电变压器瓶上的灰尘杂质受潮解，产生电离而导电，产生电弧闪路，造成"污闪"跳闸停电事故，甚至出现磁瓶爆炸。中等以上降水可中断供电、使电杆歪斜。暴雨常引起积水，使铁塔、电线杆歪斜，中断线路，引起连电事故。大雪积压在电线上，压断电线，造成停电事故。冻雨、雨凇、雾凇：易使电线积冰，当积冰大于等于2.5厘米时易压断电线。雨凇影响设备绝缘性，加大导线重力，导致断线、停电等事故。高温天气，防暑降温用电增加，电流量受绝缘体中高温影响，负荷加重，易烧坏电机设备造成断电，使输电线热涨，造成电线下垂接地，出现跳闸。低温易使导线产生最大应力，同时导线变脆，拉力降低，易造成断线停电。低于 -5℃时，取暖电器设备增加，用电量加大。雷电主要危害高压线路和变压器，烧毁导线，击穿瓷瓶，造成跳闸。强雷暴引起跳闸或烧坏变压器或输电设备，造成区域停电。大风可引起架空线路断线、倒杆造成供电中断，大风吹起沙尘，污染磁瓶，危害供电设备。大雾时空气湿度大，电力设备上杂质吸潮导电，产生电弧闪路，造成"污闪"，出现突然停电事故，甚至磁瓶爆炸。

2008 年 1 月，中国华中、华东、南方大部分地区遭遇了历史罕见的持续低温、雨雪和冰冻极端天气，持续时间长、影响范围广、危害程度深，给输变电设施带来大面积覆冰，造成输电线路大量倒塔、断线，电力设施大范围损毁，电网结构遭到严重破坏。全国共有 14 个省级（含直辖市）电网、近 570 个县的用户供电受到不同程度的影响，部分地区电力设施受灾损坏极其严重，其中湖南、浙江、江西、贵州、广西受灾最为严重，局部地区由于电力设施毁坏严重，电力供应中断达 10 余天之久，照明、通讯、供水、取暖等居民基本生活条件均受到不同程度影响，某些重灾区甚至面临断粮危险。全国电网遭受前所未有的严重灾害。

风是一种潜力很大的新能源。国内外都很重视利用风力来发电，开发新能源。风能是一种清洁、安全、可再生的绿色能源，利用风能对环境无污染，对生态无破坏，环保效益和生态效益良好，对于人类社会可持续发展具有重要意义。现今调整能源结构、减少温室气体排放、缓解环境污染、加强能源安全已成为国内外关注的热点。国家对可再生能源的利用，特别是风能开发利用给予了高度重视。风很早就被人们利用，主要是通过风车来抽水、磨面等。现在，人们感兴趣的，首先是如何利用风来发电。由于地面各处受太阳辐照后气温变化不同和空气中水蒸气的含量不同，因而引起各地气压的差异，在水平方向高压空气向低压地区流动，即形成风。风能资源决定于风能密度和可利用的风能年累积小时数。风能密度是单位迎风面积可获得的风的功率，与风速的三次方和空气密度成正比关系。

据估算，全世界的风能总量约 1300 亿千瓦，中国的风能总量约 16 亿千瓦，中国风能资源仅次于俄罗斯和美国，居世界第三位。根据风能资源普查最新统计，中国陆域离地面 10 米高度的风能资源总储量为 43.5 亿千瓦，其中可开发量约为 3 亿千瓦。

风能资源受地形的影响较大，世界风能资源多集中在沿海和开阔大陆的收缩地带。在自然界中，风是一种可再生、无污染而且储量巨大的能源。随着全球气候变暖和能源危机，各国都在加紧对风力的开发和利用，尽量减少二氧化碳等温室气体的排放，保护我们赖以生存的地球。利用风力发电，以丹麦应用最早，而且使用较普遍。丹麦虽只有 500 多万人口，却是世界风能发电大国和发电风轮生产大国，世界 10 大风轮生产厂家有 5 家在丹麦，世界 60% 以上的风轮制造厂都在使用丹麦的技术，是名副其实的"风车大国"。

风能资源开发利用潜力巨大，到 2010 年底，全球累计装机排名中中国已跃居世界第一位。风电行业对气象的敏感度极高，在各种气象要素中，风作为首要的要素，不仅是风电生产最重要的气象资源，同时，由于风具有间歇性、波动性和可控性差等特点，也会给风电行业建设、生产、调度、维护带来不利影响。由于风电具有上述特点，因此风功率预测在风力发电中显得非常重要，风功率预测是根据风电场气象信息有关数据，利用物理模拟计算和科学统计方法，对风电场的风力风速进行短期预报，而预测出风电场的功率，从而也可实现电力调度部门对风电调度的要求。此外，闪电雷暴、风叶覆冰、极端低温、高温、台风等天气现象会对风电生产产生较大的负面影响。

电力从生产到使用的各个环节皆有赖于气象指导，随着电网规模的不断扩大和用电结构、电源结构的变化，天气过程特别是灾害性天气事件对电网安全运行的影响愈加明显，因此建立较为有效的气象灾害预警及防灾联动机制，将为保障电网安全稳定运行和电力可靠供应发挥重要作用。

社会进入了新的时代，人们越来越懂得与大自然和谐相处的重要，并开始重视气象灾害给人类社会、经济、生命财产造成的损失和危害，以及气象灾害给人们日常生活的影响，开始研究对气象灾害的影响与科学防御。

9.3　航空航天气象

9.3.1　航空气象

航空与气象的关系非常密切，不仅许多航空事故与气象有关，而且气象还直接影响飞行。航空气象包括航空气象学和航空气象勤务两个方面。航空气象学是研究气象条件与航空器飞行活动和航空技术相互关系、相互作用以及航空气象服务方式方法的学科。航空气象勤务则是将航空气象学的研究成果有效地运用于航空气象保障中。航空气象技术装备主要包括航空气象观（探）测设备、气象情报传递和终端设备、各类计算机以及一些特殊装备。其中气象卫星和气象雷达是现代重要的航空气象设备。气象卫星能提供可见光云图、红外云图、空中风场、高空急流位置和强度、气温和水汽的垂直分布等。通过对卫星资料的分析，可获得准确的国际航线大气状况的预报，从而使远程航行的意外事故大为减少。气象雷达包括测风、测云、测雨等多种类型，其中测雨雷达是掌握对飞行安全威胁严重的强对流天气的有效工具。

20 世纪 20 年代为了满足飞行器设计的需要，美国首次编制了"标准大气"。30 年代，同温层飞行成功，促进了航空气象的发展，许多气象探空站和探空火箭站建立起来。高速飞机的出现和远程乃至全球飞行，对航空天气预报要求更高，提出获取全球范围气象情报的要求。航空气象开始采用先进技术，建立地面气象雷达站，并通过气象卫星开展全球数值天气预报业务。60 年代以来，航空运输量急剧增加，航空气象保障又进一步向自动化和系统化方向发展，有的机场已改用电视信道连续不断地提供气象情报。但是，晴空湍流、低空风切变、中小尺度天气、恶劣能见度等仍威胁着飞行的安全，成为现代航空气象亟待解决的课题。

（1）气象条件对航空的影响

航空与气象的关系非常密切，不仅许多航空事故与气象有关，而且气象还直接影响飞行。飞机起飞、降落和空中飞行的各个阶段都会受到气象条件的影响，风、气温、气压都是影响飞行的重要气象要素。地面风会直接影响飞机的操纵，高空风会影响飞机在航线上的飞行速度和加油量。气温高低，可改变发动机的推力，影响空速表、起落滑跑距离等。气压会影响飞机的飞行高度。由于各地气压经常变化，往往造成气压高度表指示的误差。此外，雷暴、低云、低能见度、低空风切变、大气湍流、空中急流、颠簸、结冰等天气现象都直接威胁飞行安全。

雷暴是夏季影响飞行的主要天气之一。闪电和强烈的雷暴电场能严重干扰中、短波无线电通讯，甚至使通信联络暂时中断。当机场上空有雷暴时，强烈的降水、恶劣的能见度、急剧的风向变化和阵风，对飞行活动以及地面设备都有很大的影响。雷暴产生的强降水、颠簸（包括上升、下降气流）、结冰、雷电、冰雹和飑，均给飞行造成很大的困难，严重的会使飞机失去控制、损坏、动力减小，直接危及飞行安全。现代飞机使用了大量的电子设备，特别是控制飞行状态的电子计算机，一旦被雷电影响，将造成严重的破坏，直接影响飞机正常航行。因此，只要有雷暴天气，飞机是不允许飞行的。

低云是危及飞行安全的危险天气之一，它会影响飞机着陆。在低云遮蔽机场的情况下着陆，如果飞机出云后离地面高度很低，且又未对准跑道，往往来不及修正，容易造成复飞。有时，由于指挥或操作不当，还可能造成飞机与地面障碍物相撞、失速的事故。

低能见度对飞机的起飞、着陆都有相当的影响。雨、云、雾、沙尘暴、浮尘、烟幕和霾等都能使能见度降低，影响航空安全。地面能见度不佳，易产生偏航和迷航，降落时影响安全着陆；当航线上有雾时，会影响地标航行；当目标区有雾时，对目视地标飞行、空投、照相、视察等活动有严重的影响。

低空风切变对飞机的起飞和降落有严重的威胁。风切变是指在短距离内风向、风速发生明显突变的状况。强烈的风切变可导致飞机失速和难以操纵的危险，甚至导致飞行事故。

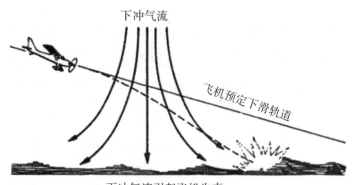

下冲气流引起飞机失事

气流影响飞机航行示意图

风切变的多少要看机场的地理位置。由于雷暴可以引起风切变，低纬度接近热带的地方，出现雷暴的机会比较多，容易引发风切变。风切变不仅仅源于雷暴，复杂的地形也可以带来风切变，比如香港机场、美国丹佛市等城市机场的周围有山环绕，强风受山峦与谷地的地形作用，风切变的现象明显。此外，海风也易引起风切变，在香港也经常出现海风引起的风切变，一般人觉得海风不是很强的天气现象，其实不然。以香港机场为例，盛行风一般是东风，但从海上吹过来的风一般是西风，东风西风汇合在一起，就会引起风切变。

大气湍流、空中急流会造成飞机的颠簸。由于空气不规则的垂直运动，使飞机上升下沉。严重的颠簸可使机翼负荷加大而变形甚至折断，或使飞机下沉或上升几百米的高度。

降雪对飞机飞行的影响主要是体现在以下几个方面：大雪天气里，机场的能见度严重降低，影响飞行人员的视线。当能见度只有几十米时，飞行人员操控的飞机根本无法降落和起飞，甚至无法滑行。如果处理不当就极易出现飞行事故，这时机场不得不被迫关闭，正常航班随之变得不正常或被取消。由于强冷空气的到来，地表温度急剧下降。所降雨雪遇到低温，会在跑道上迅速结成冰层。飞机轮胎与冰层间摩擦力减小，降落或起飞的飞机在跑道上会产生不规则滑动，不易保持方向，极易冲出跑道发生危险。大雪使飞机机身积冰或结冰，冰霜的聚积增加了飞机的重量。同时，积冰可能引起机翼流线型的改变、螺旋桨叶重量的不平衡，或者是汽化器中进气管的封闭、起落架收放困难、无线电天线失去作用、汽化器减少了进气量飞机动力降低、油门冻结断绝了油料来源、驾驶舱窗门结冰封闭驾驶员的视线等，这些都可能造成严重的飞机失事。

结冰的形态可以分为明冰、毛冰与雾淞三种。明冰和毛冰最危险，因其牢固，不易排除，而且增长极为迅速，成为最危险的一种积冰。因此，一旦飞机出现冰冻现象时，就必须及时除冰。而除冰作业需要一定的时间，这样势必会影响航班正点运行。

目前，天气原因是造成航班延误的主要原因，"天气原因"简单的四个字实际包含了很多种情况：出发地机场天气状况不宜起飞；目的地机场天气状况不宜降落；飞行航路上气象状况不宜飞越，等等。

（2）航空气象预报

航空气象预报与一般的气象预报差异非常大。航空气象预报具有及时性、精细化、国际性的特点，且预报关注点与普通气象预报有所不同。市民可能对航空预报不太了解，因为人们在电视上看到的是一般的预报。

航空预报只有航空公司和飞行员才能看到，也比较专业。航空预报分为高空预报和机场预报两个方面。机场预报和观测报告在国际上有一些特定的格式，需要编码及解码。机场观测报告和机场预报，分别提供机场的定时观测数据及对未来数小时的天气预报，只有经过训练的航空公司签派员和飞行员才能读懂。飞机航行期间需要和很多国家交换预报资料，获得最新的预报信息。同时，飞机一般飞行在万米以上的高空上，因此，需要专门做一些特殊的高空的天气预报图。

相对日常天气预报，航空天气预报要求的精细度更高。航空天气预报要求定点、定时、定量，定点是指很具体的一个地方，就是机场；定时指要求具体的时间区间，例如起飞和降落时间的预报；定量，要求强度预报很准确具体。为了应对这样高要求的天气预报，民航气象中心利用人造卫星观测对流云团、台风，甚至火山灰来预报高空天气。

在机场天气预报方面，使用专门的能见度仪器测量"跑道视程"，专门观测跑道上面的能见度，同时也考虑灯光的影响。除了机场天气预报，航空天气预报也关注机场附近的天气、云底高度、湿度、温度等。民航气象使用的观测设备主要是天气雷达。常规的雷达可以监测雷暴和台风；先进的多普勒雷达，一般安装在机场附近，可以监测风切变；更为先进的激光雷达则用于监测晴空风切变，因为一般的雷达需要依靠空气的水汽来监测，对晴空风切变无能为力。而在高空预报方面，民航气象中心主要利用卫星资料来观测，但准确的地点和时间预报也很难，中国和一些先进国家正在考虑利用数值预报系统改进高空预报。

相对于全世界来讲，中国对于机场临近预报来说还是不错的，未来将对亚洲不发达国家提供航空参考资料。随着民航在人们日常生活中所占的分量越来越大，对航空气象的需求也将越来越大。航空与气象就像是鱼和水的关系一样，飞行脱离不了大气，飞行量越来越大的时候，航空气象的作用会越来越明显。

9.3.2 航天气象

降水是影响航天活动的重要气象因素之一。明显的降水将直接影响星箭等产品的转场、吊装、对接、全区合练，乃至发射。因此，降水预报一直是航天气象部门重点关注的项目之一。航天气象中的专业级降水预报与一般公众级的民用降水预报相比较要求更高，要求达到"定时、定量、定点"的标准。利用不同卫星云图资料，可以较直观、准确地提供影响场区降水的主要天气系统的生成、移动、消亡等情况，为降水预报提供重要的参考依据。

航天器在发射和返回时所需的气象条件的研究类似于航空气象，不同的是在离开大气层后要研究外太空的空间天气。空间天气需要了解高层大气密度、电磁场、高能粒子、太阳电磁辐射、微流星、空间碎片等空间天气要素并做出预报。因此，它是一个新领域。发展空间天气业务，主要是要建设国家空间天气中心，建立空间天气监测、预报、预警系统以提高空间保障服务能力，做到对空间天气进行监测预警预报，及时报告可能发生的空间天气灾害，保护在空间运行的航天器、航天员及地面有关系统的安全。

千百年来，人们就知道狂风暴雨、洪涝这些地球上的恶劣天气变化会给人类的生活和生产活动带来灾害。自 20 世纪 50 年代人造卫星上天，空间科学近半个

世纪的发展使人类认识到在地球 20～30 千米之上，甚至千万千米的空间，由于太阳爆发活动，如太阳耀斑和太阳物质抛射这类巨大能量（114×10^{21} 焦/秒）、物质（315×10^{9} 千克/秒）突然释放现象，放出的电磁辐射带电粒子以及超音速运动的太阳风暴吹过地球，会引起地球高空的结构、密度、温度、运动状态、电磁状态、通讯条件、光学特性、带电粒子分布等发生急剧变化，常常出现灾害性空间天气，给空间和地面的高科技系统，如航天、通讯、导航、资源、电力系统等带来严重损伤和破坏，甚至危及人类的健康和生命。人们把空间环境的这种短期变化或突发性事件形象地称为空间天气事件。

空间天气学的主要内容包括以下几个方面：空间天气的多学科、多手段的综合监测；空间天气变化规律的研究，特别是空间灾害性天气事件的过程、模式和预报方法研究；空间天气的预报，特别是对造成航天、通信、导航等高科技系统严重损伤的空间灾害性天气事件进行预报；空间天气服务，特别为空间和地面的诸多技术系统的工程设计、效应分析、损伤与异常的诊断、运行的安全与决策等提供服务。它的科学目标是了解空间灾害性天气变化规律，应用目标是为发展高科技和国防现代化提供服务和技术基础。

卫星及大部分空间飞行器的运行区域是地球大气层以上的电离层、磁层及行星际空间。这些空间区域并不是完全的"真空"，而是"充满"着大量的等离子体（一种处于电离状态的粒子气体）、高能粒子、微流星体、尘埃、空间碎片、中性原子和电磁射线等物质。空间飞行器就是运行在这样的空间环境中。这些物质对航天器有一定的作用，其作用形式及效应与这些物质的分布状态及运动状态有极大的关系。对空间环境中各种物质分布状态及运动状态的描述及对这些状态变化规律的研究就是空间天气学的基本内容。空间环境对空间飞行器正常运行的重大干扰则是"空间灾害性天气"的一部分。

航天器系统受到空间环境影响产生的主要问题包括：微米尺度的颗粒撞击航天器系统，造成系统结构的破坏；由于高能带电粒子引起的单粒子翻转事件；由于污染及辐射造成材料性能的恶化；电介质的击穿、空间系统的强静电、等离子体紊乱造成电磁波的折射与散射，以及对空间系统探测器的干扰等。加拿大通信卫星出现故障主要是由于高能电子引发的深层充电所造成的。国内、外诸多在轨运行卫星发生异常/故障的分析结果表明，由空间环境因素引发的故障占总故障的40%。

随着卫星技术的发展，航天器上的仪器越来越精密、探测器越来越灵敏、太阳能电池板越来越轻。这些新技术的采用使空间飞行器对空间环境效应越来越敏感，特别是对辐射及静电带电效应。另外，小卫星技术的广泛采用，在飞行器的研制中正在逐渐加大对商业器件的使用。而这些商业器件大多未经特殊加固处理，容易受到空间环境中粒子的损坏。德国在1997年12月发射的科学实验卫星，原先的设计寿命为一年。发射后卫星运行了近5个月的时间就彻底地毁坏，不能继续完成其科学探测使命。很多科学家都认为这颗卫星的提前终结，是由于卫星研制周期过短，经费紧张，很多防护措施不够，以致于卫星在空间环境中各种不利效应的作用下失效。虽然这种事例并不常见，但损失却是非常惨重的。空间环境效应对空间飞行器造成局部或部分时段的工作异常，其损失也是难以估量的。例如空间碎片、微流星可能造成太阳能电池板局部区域的击穿，从而降低电能的供应。宇宙线可能造成飞行器上的微电子器件的单粒子翻转事件，产生错误指令，或使内存锁定。日冕爆发产生的高能粒子及电磁辐射会对航天器造成电磁干扰。辐射带中的高能粒子会造成航天器结构材料的性能恶化，对宇航员可能造成辐射损伤。空间环境中高能等离子体会引起航天器带电，一方面干扰飞行器上各种科学探测仪器的工作，另一方面还会造成飞行器上电介质放电击穿。另外，飞行器的带电会使飞行器表面吸附飞行器喷出的推进剂，造成卫星表面的污染。低能等离子体则会造成飞行器的电流泄漏，增加无用功耗。同时，低能等离子体还可能在飞行器表面沉积，对某光学仪器的镜头造成污染或改变其光学性能。空间环境中的中性原子氧则会对飞行器的材料造成表面腐蚀。

空间中微米尺度的微粒撞到航天器时，具有足够的动能破坏航天器上的一敏感部件，如太阳能电池板的玻璃防护层。微粒撞击航天器时所施放出的能量，足以在航天器的局部表面产生高密度的中性原子和等离子体团，并对航天器上的某些传感器、天线产生干扰。非常高能的带电粒子能在航天器电子学器件中沉积足够的电荷量，干扰集成器件的记忆状态，产生伪信号，这就是单粒子翻转事件。单粒子翻转事件本身并不发生硬件损伤，是状态可以恢复的"软"错误。但它导致航天器控制系统的逻辑状态紊乱时就可能发生灾难性后果。很多遥感卫星的粒子探测器也会受到高能粒子的干扰。这种干扰有两层意思，其一是高能粒子直接通过粒子探测器；其二是高能粒子产生的次级辐射。带电粒子能量虽不能造成航天器上部件及材料的永久损坏，但这些带电粒子在航天器各部分的长期积累也会威胁航天器上某些系统的功能。一个最明显的例子就是这些具有一定能量的带电粒子在太阳能电池板上的积会逐渐降低太阳能电池板的效率。另外，较高能量的电子在非良导体材料中形成的电荷积累有可能导致电介质的放电击穿，同时产生电磁干扰脉冲及材料的损坏。英国/美国联合研制卫星就是由于这种电荷积累效应而发生问题的。

除了高能粒子、等离子体，即便是空间中剩余的中性大气也会引起航天器表面氧化，侵蚀表面，或在表面形成污染层。针对这些由于空间环境造成的航天器故障，如果能事先知道可能发生故障的轨道区域及发生的时间，则可以通过一些技术措施避免这些故障的发生。

目前，由于监测手段的缺乏以及对空间天气过程物理机制的了解不够，空间天气的预报能力还十分有限，气象保障主要集中于 30 千米以下，对 30 千米以上的空间保障缺乏有效手段。发展中国空间天气监测预测的理论和技术，研究太阳风暴及其对日地空间环境的影响，研究太阳活动对地球环境变化、天气气候灾害、人类空间活动、卫星和飞船运行、通信、健康、生命的影响，对国家安全有重要意义。

国家空间天气中心的目标是建设具有先进水平的国家空间天气业务技术体系，建成空间观测和地面综合观测相结合的立体观测系统、空间天气预报预警系统、空间天气信息服务系统，发展具有支撑空间天气业务的科学研究与技术开发能力，形成以国家空间天气中心为主体，多层次、多部门共同协作的空间天气业务体系。

9.4　气象灾害防御

人类从诞生起就生存在大气之中，冷、热、干、湿、风、云、雨、雪、霜、雾、雷、电等天气现象伴随着人类。各种天气变化无常，老天"高兴"时，会给人们送来舒适的生存环境；老天"发怒"时，则会给人们带来痛苦甚至是巨大的灾难。作为自然灾害中最常见的原生灾害，中国气象灾害呈现种类繁多、分布地域广、发生频率高的特点，严重影响经济社会发展和人民群众的生产生活，每年造成的直接经济损失占国内生产总值的 1%　~3%，占国内生产总值增加值的 10% 以上。因此，了解气象灾害及其危害性，正确认识气象灾害的发生发展规律，并做到预测预防气象灾害，已经成为现代社会广泛关注的生存和环境问题。

9.4.1　气象灾害的特征

就中国而言，气象灾害的特征有以下几点：

种类多。主要有热带气旋（台风）、暴雨洪涝、干旱、低温霜冻等冻害、雷电风雹、连阴雨和浓雾及沙尘暴等其他灾害共 7 大类 20 余种，如果细分可达数十种甚至上百种。

范围广。一年四季都可出现气象灾害。中国 70% 以上的国土、50% 以上的人口以及 80% 的工农业生产地区和城市，每年不同程度受到气象灾害的冲击和影响。

频率高。在 1950 ~ 2011 年的 61 年内每年都出现旱、涝和台风等多种灾害。东部沿海地区平均每年约有 7 个热带气旋登陆，最多年份高达 12 个。局地性和区域性干旱灾害几乎每年都会出现。夏季广东、广西沿海、江西东北部等地雨涝发生频率达50%以上。

持续时间长。同一种灾害常常连季、连年出现。如华北常出现春夏连旱或伏秋连旱，华南常出现冬春连旱。长江和珠江中下游等地连续两年发生洪涝的情况也很常见。

群发性突出。某些灾害往往在同一时段内发生在许多地区，如雷雨、冰雹、大风、龙卷风等强对流性天气在每年3~5月常有群发现象。

连锁反应显著。气象灾害往往能造成或诱发洪水、泥石流、植物病虫害等自然灾害，产生连锁反应。

灾情重。1991~2011年，中国平均每年因各类气象灾害造成3973人死亡，近4亿人次受灾，农作物受灾面积4840万公顷，直接经济损失2000余亿元。

9.4.2　气象灾害的成因

造成气象灾害发生的原因是多方面的，归纳起来，主要是自然因素与人类活动和社会经济因素两大类。就自然因素而言，最为根本的是大气环流和天气过程的异常。对于中国而言，主要自然影响因素有亚洲季风、青藏高原、厄尔尼诺和南方涛动事件及环流系统的异常。除自然因素外，人类活动也是气象灾害发生的重要因素之一。随着社会的发展、文明的进步，人类活动的影响已经不再是局部性问题，温室效应、环境污染等已经对天气、气候及极端事件产生影响，并导致了全球气候变化。主要表现为：人口的不断增长带来巨大的资源和环境压力；人类活动影响土地利用，造成环境恶化，引发多种灾害；人类活动影响全球变暖，导致一系列气象灾害的发生；热岛效应造成城市灾害等。

随着全球气候的变化，极端天气气候事件发生的概率进一步增大，气象灾害的突发性、反常性和不可预见性日益突出，地区和时间分布不断扩大。部分陆地区域强降水发生频率上升，更大范围地区发生强度更强、持续时间更长的干旱，热带气旋（台风）强度增大，雾、霾、酸雨等极端气候环境事件呈增多增强趋势，热昼、热夜、热浪更为频繁。

9.4.3 气象灾害的影响

回顾中国历史上出现的比较严重的气象灾害，干旱、暴雨洪涝以及热带气旋（台风）是中国最为常见、危害程度最为严重的灾害种类。其中，干旱是影响面最大，也是损失最为严重的一类灾害。暴雨洪涝灾害是仅次于旱灾的气象灾害。此外，雷击、冰雹、雪灾、雾灾、沙尘暴、霜冻等也是经常发生的危害较大的气象灾害。

干旱：据统计，中国农作物平均每年受旱面积达 3 亿多亩，成灾面积达 1.2 亿亩，每年因旱减产平均达 100 亿～150 亿千克，每年由于缺水造成的经济损失达 2000 亿元。目前，全国 420 多个城市存在干旱缺水问题，缺水比较严重的城市有 110 个。

暴雨：长江流域是暴雨、洪涝灾害的多发地区，其中两湖盆地和长江三角洲地区受灾尤为频繁。1983 年、1988 年、1991 年、1998 年、1999 年、2008 年、2010 年等都发生过严重的暴雨洪涝灾害。

热带气旋（台风）：造成的损失年平均在百亿元人民币以上，像 2004 年在浙江登陆的"云娜"，一次造成的损失就超过百亿元人民币。

风雹：中国风雹灾害发生的地域很广，据统计，农业因风雹受灾面积的重灾年达 9900 多万亩（1993 年），轻灾年也有 5600 多万亩（1994 年）。

低温冷冻：2008 年低温、雨雪、冰冻灾害低温死亡 129 人，紧急转移安置 166 万人，农作物受灾面积 1.78 亿亩，直接经济损失 1516.5 亿元，受灾人口超过 1 亿。

雪灾：严重影响甚至破坏交通、通讯、输电线路等生命线工程，对人民生产、生活影响巨大。2005 年 12 月山东威海、烟台遭遇 40 年来最大暴风雪，此次暴风雪造成直接经济损失达 3.7143 亿元。2009 年 11 月 8～12 日，华北出现大范围强降雪，多个县市的最大积雪深度突破当地有气象记录以来的历史极值。石家庄市区降水量最大为 93.5 毫米，累计积雪深度最大为 55 厘米。

9.4.4 正确认识气象灾害

在气象灾害的威胁面前，人类并未放弃努力，而是奋力抗争，不甘心做大自然的奴隶。因此，可以说一部人类文明史，就是人类不断适应自然并不断与自然灾害做斗争的历史。从大禹治水到各类大型水库的修建，无不显示着人类不屈不挠抗御各种自然灾害的勇气与决心。

灾害产生的直接原因是大气运动变化超出了界限，超出了人、农作物、家畜、建筑物、桥梁、道路等各种与人相关的设施所能承受的极限。对待气象灾害要有平常心，不要恐惧，更不要迷信，灾害是一种自然现象，有发生发展的规律，掌握了规律人类就可以进行科学的预防。

我们认识气象灾害、准确把握灾害脉搏尚有待时日，该做的工作很多。比如，要加强对气象灾害规律的研究，努力提高气象灾害的监测和预警水平以及建立健全应对气象灾害的快速反应机制等。同时，要把认识灾害与防御灾害结合起来，在正确认识灾害及其规律的基础上，用科学的方法来防御灾害，努力提升全社会的防灾减灾能力。

9.4.5 气象灾害的监测和预警

气象灾害预警作为气象部门的一项重要职能，是防灾减灾综合预警系统的组成环节，是提升防灾减灾综合预警能力的重要措施，也是灾害应急处置工作形成高效迅速反应机制的基础。要做到气象灾害的科学预警，关键是不断地提高气象灾害的监测和预警水平，同时要加强气象灾害预警发布管理工作，努力提高气象灾害预警信息使用效率。

首先，要加强对气象灾害的监测系统建设。目前，中国已相继建成以国家气候观象台、国家气象观测点、区域气象观测点、卫星观测系统和移动观测系统为主要平台，以国家气候监测网、国家天气观测网、国家专业气象观测网和区域气象观测网为主要架构的地基、空基和天基相结合的综合气象观测系统。基本实现主要灾害性天气全天候、多要素、高时空分辨率的连续监测，自动化观测水平得到进一步提升，显著提高了对台风、暴雨、强对流等主要灾害性天气的监测能力。同时，利用现代信息处理技术，针对台风、暴雨（雪）、寒潮、大风（沙尘暴）、低温、高温、雷电、冰雹、霜冻、大雾、冻雨、雾凇、龙卷等灾害性天气以及干旱、地质灾害、山洪、城市洪水、道路结冰、积雪、电线结冰、森林和草原火险等气象灾害不同特征，通过各种观测资料的融合分析，在 MICAPS 模式平台下实现灾害性天气和气象灾害的人机交互识别和报警功能，提升灾害性天气和气象灾害的监测率。

其次，要不断地提高气象灾害的预警水平。20 世纪 90 年代以来，以自主研发的 GRAPES 模式投入业务为标志，中国数值预报业务发展形成了引进吸收与自主研发并重的新格局，初步构建了包括全球和区域模式预报系统、集合预报系统及专业数值预报系统在内的较为完整的数值预报体系。建立全球 25 千米分辨率和中国区域 3~5 千米分辨率的分析与预报系统。在国家级和省级研发灾害性天气预警方法，初步建立了台风、暴雨、寒潮、高温、大雾、沙尘暴等灾害性天气的临近、短时和短期监测预警业务系统。同时，大力发展各种观测资料的融合技术，加快建设基于雷达、卫星和自动站资料的定量降水估测（QPE）业务。发展短时强降水、雷电、冰雹、雷雨大风、龙卷等强对流天气的监测分析技术，增强对强对流天气的识别能力。目前，中国对区域性暴雨和台风路径的预报有了长足进步，24 小时、48 小时预报准确率接近国际先进水平。突发气象灾害的临近和短时预报已形成业务能力。

第三，要加强气象灾害预警发布管理工作，努力提高气象灾害预警信息使用效率。早期，各地对灾害性天气的预报和预警服务大多采用"重要天气预报"、"重大气象消息"或"气象警报"等形式，标准和规格不统一，预警不醒目，服务效率低。近年来，随着中国经济的快速发展和人民群众生活质量的日益提高，气象灾害对国民经济和人民生命财产安全造成的影响也在日益增大。为更好地对气象灾害进行预报预警，提醒有关部门及社会公众采取相应措施，避免或者减轻灾害损失，从 2000 年《中华人民共和国气象法》颁布以来，广东（2000 年）、福建（2003 年）、上海（2003 年）、北京（2004 年）等省市已先后以政府令的形式发布了《灾害性天气预警信号发布试行规定》，加强了气象灾害预警发布工作，增强了全民防灾减灾意识，提高了气象灾害预警信息使用效率。中国气象局根据各省市和国外的经验做法，在 2004 年 8 月制定下发了《突发气象灾害预警信号发布试行办法》（气发〔2004〕206 号），正式启用了包括名称、图标、标准和防御指南组成的预警信号。2007 年 6 月又制定下发了《气象灾害预警信号发布与传播办法》（中国气象局令第 16 号），进一步完善了气象灾害预警发布工作。

根据《气象灾害预警信号发布与传播办法》规定，气象灾害预警信号由名称、图标、标准和防御指南组成，包括台风、暴雨、暴雪、寒潮、大风、沙尘暴、高温、干旱、雷电、冰雹、霜冻、大雾、霾、道路结冰等 14 种。预警信号的级别依据气象灾害可能造成的危害程度、紧急程度和发展态势一般划分为四级：Ⅳ级（一般）、Ⅲ级（较重）、Ⅱ级（严重）、Ⅰ级（特别严重），依次用蓝色、黄色、橙色和红色表示，同时以中英文标识。

9.4.6　个人防御气象灾害的八字诀

个人防御气象灾害气要牢记八字诀：学、备、听、察、断、抗、救、保。

学：学习各种灾害及其避险知识。

备：物资十备：清洁水、食品、常用药物、雨伞、手电筒、御寒用品和生活必需品、收音机、手机、绳索、适量现金。婴幼儿三备：奶粉、奶瓶、尿布。老人二备：拐杖、特需药品。心理准备：面对灾害，不过于紧张、惊慌、恐惧，尽量放松自己，对外来救助充满信心。灾前准备：选好避灾的安全场所。

听：通过正规渠道（电视、广播、报纸、12121 电话、气象网站、手机短信等）收听或收看各级气象部门发布的天气预报和气象灾害预警信号，不可听信谣传。

察：密切注意观察周围环境的变化情况，一旦发现某种异常的现象，要尽快向有关部门报告，请专业部门判断，提供对策措施。

断：在救灾行动中，首先要切断可能导致次生灾害的电、煤气、水等灾源。

抗：灾害一旦发生，要有大无畏的精神，召唤大家，进行避险抗灾。

救：利用学过的救助知识，进行自救和互救。比如在大水、大火中逃生的自救和互救，利用准备的药品对受伤或生病者进行及时抢救，并注意做好卫生防疫工作。

保：利用社会防灾保险，减少经济损失。

9.4.8 个人防御气象灾害的避险要点

针对台风、暴雨、暴雪、大风、冰雹、大雾等灾害性天气，避险要点分灾种如下：

台风：在家里要切断电源，尽量避免使用电话。如果无法撤离至安全场所，可就近选择在空间较小的室内（如壁橱、厕所等）躲避，或者躺在桌子等坚固物体下。在高层建筑的人员应撤至底层。切勿随意外出，不要在河、湖、海堤或桥上行走。海上船舶必须与海岸电台取得联系，确定船只与台风中心的相对位置，立即开船远离台风。

暴雨：危旧房屋或在地洼地势住宅的人员应及时转移到安全地方；关闭煤气阀和电源总开关；立即停止田间农事活动和户外活动；注意夜间的暴雨，提防旧房屋倒塌伤人；雨天汽车在低洼处熄火，千万不要在车上等候，下车到高处等待救援；不要在下大雨时骑自行车，过马路要留心积水深浅。

暴雪：注意防寒保暖，老、弱、病、幼人群不要外出；出门走路不要穿硬底或光滑底鞋，骑车人可适当给轮胎放些气；关好门窗，固紧室外搭建物；如果是危旧房屋，遇暴风雪时应迅速撤出；采用煤炉取暖的家庭要提防煤气中毒。

寒潮：当气温发生骤降时，要注意添衣保暖，特别是要注意手、脸的保暖；关好门窗，固紧室外搭建物；外出当心路滑跌倒；老弱患者，特别是心血管患者、哮喘患者等对气温变化敏感的人群尽量不要外出；注意休息，不要过度疲劳；提防煤气中毒，尤其是采用煤炉取暖的家庭更要提防。

大风：关好门窗，室外搭建物要固紧；如遇危房，应立即搬出；社区里的幼儿园、学校应采取暂避措施，建议停课；如在户外，不要站在高楼、大树、广告牌下；暂停户外活动或室内大型集会；老、弱、病、幼人群切勿在大风天气外出；停放车辆要远离大树、广告牌等。

龙卷风：在室内，务必远离门窗和房屋的外围墙壁，躲到与龙卷风方向相反的墙壁或小房门内抱头蹲下，保护好自己的头部；在楼上，特别是农村的楼房内，应立即转移到一楼，暂避到一楼比较坚固的桌子底下或厕所、储物间内；立刻离开危险房或其他的简易临时住处，到附近比较坚固的房屋内躲避。躲避龙卷风最安全的地方是地下室或半地下室；如果在汽车上，应立即离开汽车，到公路旁的低洼地躲避，不要待在汽车里。

高温：白天尽量避免或减少户外活动，尤其是 10～16 时不要在烈日下外出运动；暂停户外或室内大型集会；若外出，应采取防护措施，如打遮阳伞，穿浅色衣，不要长时间在太阳下暴晒；浑身大汗时，不宜立即用冷水洗澡，应先擦干汗水，稍事休息后再用温水洗澡；电扇不能直接对着头部或身体的某一部位长时间吹；空调温度不宜调得过低。

冰雹：关好门窗，妥善安置好易受冰雹影响的室外物品；切勿随意外出，确保老人小孩留在家中；暂停户外活动，如在户外遇到冰雹首先要护住头部，身体缩起；在防冰雹的同时，也要做好防雷电的准备，尽量不要在电线杆或大树底下躲避冰雹。

大雾：有雾时不要开窗；尽量不要外出，必须外出时要戴口罩；骑自行车要减速慢行，听从交警指挥；司机小心驾驶，须打开防雾灯，与前车保持足够的制动距离，并减速慢行；需停车时要注意先驶到外道再停车；机场、高速公路、轮渡码头必要时暂时封闭或停航。

专业气象研究和服务的诞生和发展，是社会的进步、经济的发展及人民物质和文化生活水平不断提高对气象服务提出更新更高要求的必然结果。专业气象研究，揭示了气象条件对各行各业的利弊影响及影响规律；专业气象服务，为相关行业和部门及时提供影响该行业和部门的气象信息，使相关行业和部门利用气象信息，趋利避害，减少损失，提高效益。经济发展催生了专业气象，专业气象服务又推动了经济发展，二者相辅相成，相得益彰。

气象灾害是一种自然灾害，它的发生不以人们的意志为转移。但是，人类活动可影响气象灾害的发生频次和危害程度。土地沙漠化是人类无节制地砍伐森林、开垦草原的直接结果，而土地沙漠化又引发了沙尘暴和黑风暴的横行。工业生产向大气中排放的大量二氧化碳、氟利昂及二氧化硫等有害物质，增强了大气温室效应,破坏了大气臭氧层,形成了危及人类安全的酸雨和酸雾。保护生态环境,保护大气环境,与自然和谐相处,这是人类一次次迎战气象灾害,并在了解地球、认识自然的过程中不断获得的新知。与自然和谐相处,不是人类的退避,也不是人类对自然的征服,而是人类认识自然能力的提高。一段史料往往远远超出对一个事件本身记录的意义,历史能告诉未来,让未来记住历史。

10 战争中的另类武器——气象

《孙子兵法》把天气、气候条件等与战争胜负有关的因素，归纳为道、天、地、将、法，并指出"凡此五者，将莫不闻，知之者胜，不知者不胜"。

19世纪著名的军事理论家、普鲁士克劳塞维茨将军在他的经典著作《战争论》中写道：雾可以使敌人不能及时发现，可以使枪弹不能准确发射，可以使报告不能到达指挥官手中，而下雨使一支部队不能到达，另一支部队却可准时到达，这是因为雨使三小时就可走完的路或许要用八小时才能走完……

第二次世界大战期间，参战各国视气象情报为国家机密。地处西风带下风方的德国，第二次世界大战初期仅有过去50年间英吉利海峡的天气图，以及潜艇发回的零碎天气资料，无法预测英伦三岛的天气变化。为掌握"天时"，德军在挪威、冰岛、英陵兰岛、斯匹次卑尔根群岛、扬马延岛（北冰洋腹地）设置了秘密气象站。1940年，英国发现了这些秘密气象站后，即派皇家海军陆战队将其摧毁。无奈之下，德国又在北海建立临时拖网气象船队，还空降气象情报人员到英国本土去搜集气象情报，但这些零碎不准确的气象情报始终未能帮助希特勒实施"炸平伦敦"的罪恶计划，希特勒只好把失败的原因归罪于恶劣的天气。

10.1 气温对战争的影响

严寒条件下，飞机、坦克、车辆等启动困难；人员易冻伤，负重增加，消耗体力大，若是冰天雪地，还会引起雪盲。

气温过高时，机动车散热困难，耗油增加，发动机功率下降甚至熄火；大炮的炮膛磨损增大，连续发射的弹数减少；士兵容易疲劳和中暑，严重影响战斗力。

10.1.1　严寒对希特勒的致命打击

1941 年，梦想霸占全球的希特勒，在侵占半个欧洲之后，撕毁了苏德互不侵犯条约，于 6 月 22 日突然向苏联发动进攻。这一年的苏联冬季来得比较早，也比较严寒，被胜利冲昏头脑的希特勒采用"闪击战"，梦想在冬季到来之前 8 个星期内吞并苏联。因此，在没有采取任何御寒措施的情况下，希特勒下令德军迅速向苏联展开全面进攻。10 月初，开始了夺取莫斯科的战役。

10 月 7 日开始，天气阴雨连绵，泥泞的道路把德军的大炮、弹药车辆陷在烂泥之中，不得不用坦克拖拉，德军"闪击战"的步伐变缓。在烂泥的捉弄下，德军步履蹒跚，疲惫不堪。苏军抓住这一有利时机出击，使德军遭受重创。

11 月 3 日，寒潮接踵而至，气温下降到了 -8℃。因天气寒冷，燃料冻结，坦克发动困难，装甲部队无能为力，大炮的瞄准镜失灵，枪炮成了严冬的俘虏。远征的德军士兵由于无御寒冬衣和厚靴袜等，冻伤严重。

12 月 4 日，强寒潮又一次袭来，气温降到 -40℃，德军冻伤、冻死不断增加，每个步兵团非战斗减员四五百人。德军的高级将领们惊呼："我们的步兵战斗力已到了尽头""我们的装甲兵已经无能为力了"。

德军既无防寒帐篷，又无取暖设备，风雪交加中身穿夏服，两脚冻得穿不进鞋子，两手肿得合不拢，他们只有在冰天雪地里颤抖、呻吟，一个接一个、一批接一批地非战斗死去，短短 3 个月被冻死、冻伤的德军就达 11 万人之多。德军坦克集团司令长官古维里安哀叹：冰雪"把我们压垮了""我们英勇的部队一切牺牲和煎熬都已归于徒劳，我们遭到了可悲的失败"。

苏军抓住这一有利战机，组织了适应严寒深雪作战的 7 个军和 2 个骑兵团等共 100 个师的兵力，于 12 月 6 日对德军发动全线反击，把德军杀得丢盔弃甲，伤亡极其惨重。1942 年 1 月中旬，苏军已歼灭莫斯科近郊的 50 万德军。

10.1.2　"沙漠盾牌" 行动中炎热对美军的折磨

1990 年 8 月，美军进驻沙特阿拉伯执行代号为"沙漠盾牌"的军事行动计划，正值沙特阿拉伯炎热天气，致使以美国为首的多国部队受尽折磨。

沙特阿拉伯属典型的热带沙漠气候，夏季炎热干燥，最高气温可达50℃以上，夜间气温也在30℃左右；晴天占90%以上，终日无云无雨，烈日当头，相对湿度在30%以下，有时相对湿度为零。当地有"8月晒10天，门钉热生烟，7月热10天，盛水瓦罐干"的说法。

干燥炎热气候，加快了人体中水分的蒸发，在灼热的沙面烘烤下，即使静静地待着，多国部队士兵每天也要喝23升水，更何况士兵们还要穿防化服装，身背睡袋和食品行军。炎炎的烈日把士兵的钢盔晒得像个烤箱，士兵中暑和脱水时有发生。在"沙漠盾牌"行动开始的一个多月里，仅美军第一救护队就接收了400多名中暑、脱水的官兵。

高温也迫使美军战车频繁加油加水，后勤部门不得不亦步亦趋，形影不离地跟在进攻部队屁股之后，随时准备为战车供水和供油。武器装备被太阳烤得发烫，士兵使用时不得不戴上手套，因而大大限制了精确制导武器效能的正常发挥。沙漠地区地面热得快、冷得急，使近地面层空气密度变化迅速，在垂直方向上产生光疏和光密媒质，形成蜃景，致使望远镜和坦克瞄准器看到的景物失真，射击的准确度下降。

10.1.3　陆逊火烧连营

公元221年，刘备为报关羽被杀和荆州被夺之仇，率大军攻吴。吴将陆逊为避其锋，坚守不战，双方成对峙之势，使刘备以优势兵力速战速决的战略意图落空。

刘备率军出蜀远征，后勤补给困难，因不能速战速决，将士斗志逐渐涣散。六月的江南暑气逼人，将士不胜其苦，战斗力锐减。为避酷热难耐，刘备令将军营设于深山密林之处，依傍溪涧，屯兵休整，准备等到秋后再发动进攻。

刘备为避暑选择的安营之地为吴军火攻提供了有利条件，陆逊看准时机，命令吴军士卒各持茅草一把，乘夜顺风放火突袭刘备军营。陆逊突袭放火连破刘备四十余营，刘备军营火势猛烈，军中大乱。陆逊火烧连营的成功，决定了夷陵之战吴胜蜀的结局。

10.1.4 拿破仑兵败俄国

1812 年 5 月，拿破仑率领 80 万法军浩浩荡荡开赴俄国境内。6 月 23 日，法军越过涅曼河，开始进入俄罗斯控制的立陶宛。法军一路过关斩将，于 9 月 14 日占领莫斯科。

由于俄国将领库图佐夫已下令全城撤退，留给拿破仑的只是一座空城。恼羞成怒的法军一把火点着了整个城市，大火在莫斯科燃烧了三天三夜。

法军出征时正值夏天，占领莫斯科时已近冬天，法军本来就已十分短缺的军需物资，此时更是紧张。由于缺衣少食，饥寒交迫之中，法军军心开始动摇。

10 月 18 日，俄军袭击法军，打死打伤法军 3000 余人。饥饿和严寒，使拿破仑感到已无力回天，若再滞留俄国，即便不战死，也会被饿死、冻死。10 月 19 日，拿破仑被迫率 11.5 万残兵从原路返回。回国途中，不断遭到俄军伏击，加上天寒地冻、风雪交加，士兵大批大批死去。11 月 29 日，在过桥时，士兵与随军家属互相争抢过桥，有 1.2 万人掉入河中淹死。12 月中旬，拿破仑终于灰溜溜地离开俄国，身后只剩下 2 万瘦骨嶙峋的士卒。

拿破仑的法军在俄国的严寒天气里走上了覆灭之路。兵家评论："1812 年早到的严寒天气，也对加剧法军的失败起了巨大的作用。"

10.1.5 蜘蛛助拿破仑破敌

1794 年深秋，拿破仑进攻荷兰的一支军队所向披靡，直逼荷兰要塞乌得勒支城。为阻止强敌进攻，荷兰虽下令将通往城区的交通要道和桥梁全部炸毁，但却仍然无法阻止法军强烈的炮火轰击，乌得勒支城危在旦夕！紧要关头，荷兰驻军指挥官想出了一个阻强敌进攻的高招，就是打开各条运河的水闸，用河水挡住法军的进攻。当闸门一开，一条条水龙就像脱缰的野马，奔腾咆哮，瓦尔河水急骤上涨，果然迫使法军不得已只好撤退。

正当法军开始撤退时，拿破仑的老师、法军统帅夏尔·皮格柳发现参谋部的屋檐下，有几只蜘蛛正在忙碌地抽丝结网。夏尔·皮格知识渊博，阅历丰富，他从这些"蛛丝马迹"中看到了蜘蛛传递的天气变化信息，知道干冷的天气即将来临。获胜的机会来了，他命令部队继续撤退，中途突然传令部队立即原地待命，让部队悄悄潜伏下来，准备着一场新的进攻。

第二天，果然有一股罕见的强冷空气横扫欧洲，滚滚洪水在一夜之间就结冰封冻。拿破仑的军队抓住"天时"提供的有利战机，踏着由冰筑成的"桥梁"，冲过河流，向荷兰境内长驱直入。荷兰开闸放水拒敌的初衷，一夜之间竟成了泡影。

10.1.6　曹操浇水结冰筑城

汉代屯垦西凉，西凉地处汉、羌边界，为国家唯一的边塞野战部队驻扎地，民风剽悍，军不畏死。这支部队在剿灭黄巾起义中屡建战功，董卓、吕布带兵勤王之后更是"凉州大马，横行天下"，马超就是这支部队中的一员猛将。

马超闻知其父、其弟皆死于曹操之手后，遂率 20 万西凉兵马讨伐曹操，并先后攻破长安和潼关。曹操闻讯，进兵直叩潼关。

首战，曹操被杀得割须弃袍，仓皇逃窜，成就了"三国名将数马超"的佳话：潼关战败望风逃，孟德仓皇脱棉袍。剑割髭髯应丧胆，马超声价盖天高。

次战，曹操发兵北渡渭河，欲夺马超老巢。操按剑坐于南岸，看军渡河。忽见马超带兵追至，岸上曹兵争相上船逃命。若非许褚及时赶到拖操上船，恐操将被马超活捉。

再战，操兵抵挡不住，弃寨而走，车乘、浮桥，尽被烧毁，西凉兵大胜。

曹操立不起营寨，心中忧惧。操虽依荀攸之计取渭河沙土筑起土城，但沙土不实，筑起便倒。也许真的是天不灭操。正当曹操危难之际，娄子伯出现了。此人鹤骨松姿，形貌苍古，隐居终南山，道号"梦梅居士"。他问操："丞相欲跨渭安营久矣，今何不乘时筑之？"操答："沙土之地，筑垒不成。"子伯曰："丞相用兵如神，岂不知天时乎？连日阴云布合，朔风一起，必大冻矣。风起之后，驱兵士运土泼水，比及天明，土城已就。"曹兵依计筑城，在风起之后随筑随冻，至天明，土城已筑成。马超见状，大惊，疑有神助。曹操利用天时不仅获得喘息之机，而且这个被马超"疑有神助"的奇迹，也动摇了崇尚迷信的西凉军心。

10.2 风对战争的影响

风与军事活动的关系极为密切。风使各种炮弹弹丸的飞行路径发生偏离，弹着点远离目标区。强逆风还会降低徒步行军和车辆行使的速度，延长行军时间。大风容易使舰船偏离和迷失方向。在海战中，逆风容易使人眼睛疲劳、观察能力下降，降低舰上武器的威力。海上的狂风通常还和巨浪联系在一起，能掀翻舰船，摧毁港口及军用设施。航空母舰则相反，因为飞机的起飞和降落通常选择逆风，以便缩短滑跑距离。风还可以影响生化毒剂的浓度、染毒持续时间及传播范围，最佳时机是顺风且比较稳定、风速不大。

10.2.1 日军在侵华战争中利用风施放毒气

1938年8月22日6时30分，赤湖东北城子镇朱庄东南风，风速2.5米/秒，无上升气流。日军波田支队第2联队和第3大队在朱庄向中国军队第81师两个营阵地施放毒剂筒420个，日军步兵带防毒面具紧随毒烟突入阵地，守军全部中毒，除3人轻伤撤离外，其余均被日军刺杀。事后日军报告中称，"对中毒严重不能行动者刺死300余人"。

1939年9月23日拂晓，日军第6师团以150毫米榴弹炮和野炮、山炮各一个联队以及速射炮对国民党军队第2、第175师新墙河、三街坊一线阵地进行火炮急袭，其中发射了大量的毒剂炮弹。8时整，日军野战毒气队在8千米正面战场施放毒剂筒10000个。毒剂筒放出的毒剂烟云在的东北风吹动下，越过新墙河滚滚扑向对面南岸的国民党守军，覆盖纵深达2千米。8时30分，日军第6师各步兵联队6000余人跟随在毒剂烟波之后，戴着防毒面具渡过新墙河，突入守军阵地。国民党守军第2师缺乏防毒面具，中毒者甚多，仅第12团就有400余人中毒，当即失去战斗力。日军乘势攻占了新墙河、三街坊、荣家湾等阵地。之后，日军只要前进受阻，便施放毒气筒，最后全面占领了这一方向的所有阵地。

1984年10月31日，日本《朝日新闻》刊登了1939年9月14日侵华战争的"长沙会战"中以化学武器支援进攻的罪行。日军在侵华战争期间，把化学武器作为一种普种装备的特种武器和辅助作战手段，连续使用达 8 年之久，共施用毒剂 2000 余次，犯下了滔天罪行。

10.2.2　日军利用风向美国输送炸弹

从 1944 年 11 月到 1945 年 3 月，日军利用高空风，将 1 万多个气球携带的 4.5 万个炸弹和燃烧弹飘送到美国，引起森林大火，造成人员伤亡。

1942 年，一个名叫荒川秀俊的日本气象专家向日本军部呈上一份建议书和一张气球炸弹的设计图。他在建议书中称，长期研究中发现，在北太平洋中纬度地带 1 万米左右的高空，存在一个由西向东强大而恒定的大气环流层，风速约为 300 千米/秒。日本和美国处在相同的纬度上，如果从处于上风位置的日本释放悬挂炸弹的气球，不出意外的话，气球炸弹便可以顺风飘到美国，实现轰炸美国本土的计划。

按照设计要求，气球炸弹在日本点火升空后，必须达到并保持在 10058 米的高度，因为只有在这个高度上，才有比较稳定的西风气流。为此，荒川在每个气球的吊篮里装上 30 个 2～70 千克的沙袋。当气球低于 10058 米时，由于大气压力的作用，固定沙袋的螺栓自动解脱，沙袋依次脱落，重量减轻，气球升高；当飞行高度高于 10058 米时，气球气囊的一个阀门则会自动打开，排出部分氢气，气球体积变小，浮力减小，高度就会降低。同时，他还在气球上安装计时器，一旦气球进入恒定西风气流，计时即开始。按照荒川秀俊的计算，如果气球炸弹平均以 193 千米/秒的速度飞行的话，48 小时后可抵达美国西北部华盛顿州、俄勒冈州和蒙大拿州上空。如果想让气球再进一步深入美国本土，可通过调整计时器以达到目的地。当气球到达美国后，因为计时器的作用，氢气慢慢被排出，气球浮力逐渐减小，气球炸弹便会逐个落地爆炸。荒川秀俊"气球炸弹"的可行性论证很快被火烧眉毛的日本当局采纳。

从 1944 年 11 月开始，美国西部地区防卫司令部的威廉波准将就被连续不断的森林大火闹得狼狈不堪。濒临太平洋的美国西部，是内华达山脉和落基山脉相夹的广阔山区，生长着茂密的森林。往年也有林火，但多发生在干旱的春季。这一年却反常，在寒冷多雪的冬天，也火警不断。消防队疲于奔命，驻军也被集中起来灭火。威廉波是防卫参谋长，那阵子却成了地地道道的救火司令。

1944 年 11 月 4 日的美国《旧金山晚报》报道，俄勒冈州的一个山区小学组织学生旅游，发现了树梢上挂着的气球。孩子们出于好奇，拉动牵引绳，炸弹立即爆炸，5 名小学生和 1 名女教师被炸身亡。

美国西部居民在这种恐怖的气氛中艰难地熬过了一段时间，他们寄希望于美国军队能有效地打击日本的"飘炸"行动。美国人也想使用气球炸弹攻击日本，但他们发现，由于高空总是刮西风，若使用"飘炸"，升空的气球将越过大西洋，飘到英国上空。

10.2.3　元世祖攻日受挫于台风

公元 1268 年，元世祖忽必烈派人到高丽督造战船 900 百艘。1274 年，元世祖忽必烈派出以唆都为元帅的 2.5 万军队和大小战船 900 艘渡海攻日，在日本现在的九州岛附近与前来迎战的日军战船相遇。双方正在酣战之际，台风突然从海面袭来，日军战船乘地利之便迅速驶入避风港，而元军由于地理不熟，战船大部分被风浪击坏，士兵也大部分落海淹死，剩下的船只人员待台风平息后狼狈逃回。

忽必烈灭宋以后，于公元 1281 年旧历 6 月再次派范文虎率江南军 10 万，乘战船 3500 艘，联合高丽军 4 万出兵攻打日本，先后攻占了平壶岛和壹歧岛。不料 8 月 1 日夜晚台风又呼啸而至，将元军战船大半摧毁，14 万人损失了 10 万，不得不再次撤兵。

10.2.4　诺曼底登陆日的确定

1944 年 6 月 6 日，美英联军从英国南部的朴次茅斯沿岸启航，渡过英吉利海峡，在德军占领下的法国诺曼底海岸进行了一次大规模的登陆战役——"海神"行动。诺曼底登陆战是世界战争史上规模最大的两栖登陆战，直接参加登陆作战的总兵力达 280 万人，参战的舰艇和运输船达 6500 余艘，作战飞机 1100 多架。诺曼底登陆的成功一举粉碎了纳粹德国的"大西洋堡垒"，加速了德国法西斯的灭亡，奠定了"二战"反法西斯全面胜利的基础。然而，诺曼底登陆差一点因为天气原因而改变战局。

这次横渡英吉利海峡的战役,是一次极其冒险的军事行动。且不说进攻希特勒的"欧洲堡垒"要承担的风险,单单横渡宽达 100 海里(1 海里 = 1852 米)变幻莫测的大海这件事本身,就已足够危险。

诺曼底地处高纬度,6 月白昼时间长,一般 4 时天亮,6 日日出。盟军既需要夜幕掩护部队悄悄航渡,又需要有天亮后的一段时间辨认滩头目标,实施准确的炮击和登陆艇冲岸运动。另外,诺曼底海区为半日潮,平均潮高 5.4 米,海滩坡度平缓。陆军希望在海潮达到最高时登陆,以缩短涉滩距离;海军则要求海潮最低时登陆,以便舰艇在水下障碍物以外抢滩;空降兵最好是在满月时空降,以保证准确地降在指定区域。经过地理学家们的综合推算,只有 6 月 5 ~ 7 日这 3 天是登陆最好的时段。艾森豪威尔与蒙哥马利、泰勒等最后确定 6 月 5 日登陆,第一梯队上陆时间为 6 时 30 分至 7 时 45 分。

6 月 2 日,登陆部队已经上船,一切准备就绪。可是 3 日黄昏风势转猛,天空被乌云笼罩。艾森豪威尔和他的助手们心急如焚,在听取气象专家的报告后,无奈又做出"进攻至少延缓 24 小时"的决定。

6 月 4 日,狂风怒吼,恶浪翻腾。晚上,又下起倾盆大雨。在这万事俱备、只待合适天时的紧迫时刻,率领着 50 万军队的美英统帅部高级指挥官们坐卧不安。4 日夜,就在大家几乎陷入绝望的时候,艾森豪威尔得到了当时欧美最有名的气象学家罗斯贝从美国传来的天气预报,说是 6 月 5 日有风暴通过海峡,6 日有适宜登陆的天气。接着,联军气象联合小组又送来预报,说是 6 月 6 日上午晴,夜间转阴。这种天气虽不十分理想,但基本可满足空运部队降落、空军轰炸以及海军观测的需要,而且登陆的第一个夜间还可能使敌机减少对海滩的轰炸。

6 月 5 日凌晨,正确的决策在掌握了准确的天气预报后诞生了。艾森豪威尔正式发出命令:"海神"行动于 6 月 6 日开始。

5 月 30 日,德军西线总司令伦斯德向希特勒报告,说没有迹象表明进攻"迫在眉睫",并认为美英联军只有在风速小于 14 米/秒、浪高低于 1.5 米、能见度大于 5 千米时才能登陆。

德国气象专家在缺乏资料的情况下,虽然也预报出了 6 月 4 日的低压风暴,但他们认为这次风暴持续的时间较长，受其影响至少半个月美英联军不会采取行动。就在美英联军发起进攻之前的几小时，德军还做出这样的天气预报："从目前的月相和潮汐来看，恶劣的天气形势还将在英吉利海峡持续下去。"

正是这份不准确的天气预报，使驻法国的德军司令官隆美尔元帅认为，美英联军根本不可能在最近组织登陆作战。因此，他本人干脆于6月5日清晨回国，去祝贺他妻子的生日了。临走时，他还交待说："目前气候恶劣，可以考虑休整一下。"

6月6日凌晨2时左右，设在巴黎的德军总司令部高级指挥官龙德施泰特曾接到报告说："有美英空降部队着陆，这次看来是大规模的行动。"但龙德施泰特本人和一些将领们却认为，这只不过是"一种声东击西的手法"。

与此同时，西线德国海军部队向总司令部报告，据海岸雷达1站报告："荧光屏上有大量的黑点，一支庞大的舰队正向诺曼底海岸开来。"西线总司令部的参谋长听到报告后，不以为然地说："什么，在这样的天气里？一定是你们的技术员弄错了，也许是一群海鸥吧。"

迎面而来的并不是"一群海鸥"，确实是一支拥有多种舰艇的庞大舰队。接着，英国皇家空军的重型轰炸机将5200吨炸弹倾泻在海防炮位和工事上。直到6日下午，德军才判明这是美英联军大规模的进攻行动。这时登陆部队已在3处取得了立足点，并向海岸纵深推进了几千米。

正是关键的天气预报，使得英国盟军利用稍纵即逝的有利"天时"，避开了风大浪高的恶劣天气，展开了诺曼底登陆这一历史性战役，并最终以盟军的胜利而告终。德军由于没有做出准确的天气预报，致使指挥官做出了一系列错误的决策，造成了无法挽回的败局。

就在盟军成功登陆后不久的6月20日，20年来最猛烈的一次风暴袭击了诺曼底海滨，但是对盟国军队已构不成任何威胁了。几个星期后，盟军气象人员交给盟军最高司令艾森豪威尔将军一份关于这次大风暴的备忘录。"谢谢"，艾森豪威尔在备忘录上大笔一挥，"还要感谢战神，让我们该做的都做了。"

10.2.5   海湾战争中攻击时机的确定

1990年8月2日，伊拉克冒天下之不韪，悍然出兵侵占科威特，并宣布科威特为伊拉克第17个省。海湾地区这个世界"油库"成了名副其实的"火药桶"。

8月7日，以美国为首的西方国家提议联合国通过了对伊拉克实行经济制裁的决议。伊拉克虽然经济元气大伤，但萨达姆并未有妥协的迹象。11月29日，联合国通过了向伊拉克动武的决定，以美国为首的多国部队开始从地中海的马耳他岛、印度洋的迪戈加西亚岛、日本横须贺海军基地向海湾地区进发。一时间沙特阿拉伯、阿联酋、土耳其境内驻满了美国部队。多国部队的舰艇在波斯湾、地中海、红海海面上巡游，几十年未打仗的"独立"号及"中途岛"号航空母舰、密苏里战列舰也来了；各种战机在海湾上空盘旋，雷达在不断扫描，导弹发射架竖起，海湾上空笼罩着战争阴云。

对伊拉克的空袭和地面进攻最佳时机，以美军为首的多国部队是充分考虑了海湾地区自然地理、人文地理因素后才做出选择的。多国部队参谋总部有60多位地理、气象、宗教专家，经过反复研究，权衡利弊，选定在1991年1月17日为发动空袭日期，2月14日发动对伊拉克的地面攻势。

每年的3月17日，是伊斯兰教民们斋月开始的时候，如果在斋月前后采取军事行动，则会被穆斯林认为是对安拉的亵渎，必然会引起整个穆斯林世界的极大愤慨，从而使局势变得更加复杂。美国要想赢得这场战争，势必要付出更高的代价。此外，科威特和伊拉克南部一带，每年春季都有一段时间处在沙漠风暴的袭击之中。这种恶劣的天气不但会使远道而来、不服水土的多国部队战斗力下降，而且也影响空中飞行和导弹发射。因此，美军将开战时间定在1月，既赶在斋月之前，又避开了沙漠风暴的不利影响。

美军气象水文人员预测海湾的无月之夜是1月12～20日，2月10～18日，3月11～19日；海湾涨潮的时间是1月3～7日和17～23日，2月1～6日和16～21日，3月2～7日和17～22日。1月17日正是"无月之夜"和"涨潮之夜"的交叉日，这样的日子既有利于舰艇靠近伊拉克水面而少触雷，也有利于舰载轰炸机的隐蔽与攻击。

1月17日，驻扎在沙特阿拉伯、土耳其、巴林等国空军基地的 F－17 隐形轰炸机、F－15 战斗机、B－52 轰炸机，巡航在地中海波斯湾、红海的美国航母、战列舰上发射的"战斧式"巡航导弹等分别从东西、南面、西北面飞向伊拉克的军事指挥中心、炼油厂、通讯联络中心、导弹基地、雷达阵地、军用机场等，进行"地毯式"轰炸，几乎没有遭到什么抵抗就达到了预期目的。

10.2.6　陈宝岛火烧金兵舰队

公元 1161 年，金朝 60 万海陆大军南侵南宋。南宋主战派将领李宝立即率手下仅有的 120 艘战舰和 3000 名水兵，从平江（苏州）出发，沿东海北上，奔袭金舰队。途中接连 3 天海风大作，浪涛如山，船只被风浪吹打得七零八散。第 4 天风停后，李宝将失散的舰只重新聚集，继续前进，舰队北上至山东沿海陈宝岛（山东灵山卫）附近，同拥有战船 600 艘、水兵 7 万的金舰队相遇。

金军不习惯海上风浪，都睡在船舱里，充当水手的多为强制征来的汉人。李宝决定先发制人。恰好此时风向由北转南，李宝率舰队乘顺风猛冲金船队。金军遭到突袭后惊慌失措，舰只挤成一团。李宝下令向金舰发射火箭，金舰烟火冲天，舰上的汉人也纷纷起义。最终李宝以 3000 水军全歼超过自己 20 倍兵力的金军舰队。

10.2.7　诸葛亮　"借东风"

后汉三国诸葛亮借东风的故事，至今仍在中国民间流传。公元 208 年初冬，曹操率兵 50 万，号称 80 万，进攻东吴。东吴加上联军刘备的兵力也不过三五万，只得凭借长江天险拒守。

这年深秋，孙权和刘备的联军在赤壁同曹军先头部队遭遇，曹军吃了一个小败仗。曹军多为北方兵士，不习水战。曹操屯军在长江北岸乌林，同联军隔江对峙。为了减轻船舰在风浪中的颠簸，曹操命令将战船连接起来，在上面铺上木板。这种所谓"连环战船"，船身稳定，人可以在上面往来行走，还可以在上面骑马。

谋士曾提醒曹操，"连环战船"目标大，行动不便，要防备敌方乘机火攻。

曹操却说:"凡用火攻,必借东风,方今隆冬之际,但有西北风,安有东南风耶?
吾居于西北之上,彼兵皆在南岸,彼若用火,是烧自己之兵也,吾何惧哉?若是
十月阳春之时,吾早已提备矣。"

周瑜与曹操的想法类似,他考虑到冬季风向不利火攻,急得口吐鲜血。诸葛
亮探望周瑜,为周瑜治病,一句"天有不测风云",点破了周瑜的病因,并密书
十六字:"欲破曹公,宜用火攻;万事具备,只欠东风。"

诸葛亮躬耕于南阳,对长江流域天气气候变化规律,比曹、周两人熟悉得
多。为助周瑜破曹,诸葛亮在南屏山七星坛上装神弄鬼、故能玄虚地祭风。其实
诸葛亮已经推测出未来几天风向的变化,据说他是根据动物对天气变化的反应预
测的。一位渔翁曾告诉过他,天气要变的时候,鱼在水中会有反常状态。渔翁
说:"春季翘嘴鱼腾空,不下大雨便是风;秋天天气要发暴,鲫鱼朝天吹泡泡;
十月泥鳅翻肚皮,不等鸡叫东风起。"诸葛亮熟悉流传于民间的动物测天谚语,
他见泥鳅翻了肚皮,推测出风向定会发生变化,于是便上演了一场借东风。

火烧赤壁,曹军大败,东风起了很大作用,是赤壁之战以少胜多的关键。

10.3 能见度对战争的影响

沙尘、低云和雾天气,使大气能见度下降,影响对目标物的辨认,降低了观
察射击的准确性,给各军兵种协同作战带来了困难。

10.3.1 诸葛亮草船借箭

三国时期曹操率 80 大军征讨东吴,轴轳千里,旌旗蔽空,东吴孙权与刘备
结成联盟,合力联手抗曹。东吴大将周瑜智勇双全,他见诸葛亮才干在自己之
上,将来必成为东吴大患,于是总想寻机杀掉诸葛亮。作战需要箭枝,周瑜便借
机刁难诸葛亮,要他在 10 天内负责赶造 10 万支箭。诸葛亮早知周瑜心意,都却
要与周瑜智斗,说是只需 3 天,便可完成任务。没有材料和人力,3 天造出 10 支
箭,这是天方夜谭,在周瑜看来,诸葛亮这次死定了。

周瑜一面暗下命令不给造箭的材料和人力,一面派鲁肃打探诸葛亮的行动。

诸葛亮见到来访的鲁肃，请鲁肃暗地帮忙，并不准告知周瑜。诸葛亮借了20只船，每只船上30个士兵，船用青布遮起来，还要了一千多个草靶子，排在船两边。第3天四更时候，诸葛亮邀鲁肃一起在船上喝酒，并吩咐把船用绳索连起来，向对岸曹营开去。

黎明时分，江上大雾迷漫，当船接近曹营时，诸葛亮命船一字摆开，叫士兵擂鼓呐喊。曹操以为敌方进攻，又因雾大怕中埋伏，于是急派6000名弓箭手向江中放箭，雨点般的箭纷纷射在草靶子上。诸葛亮又命船掉过头来，让另一面受箭。天已大亮，雾要散了，诸葛亮命船调头驶往江东。船只顺风顺水，曹操想追已来不及，诸葛亮利用大雾天气，圆满完成了造箭任务。鲁肃把曹营借箭的经过告诉周瑜时，周瑜感叹："诸葛亮神机妙算，我不如他。"诸葛亮曹营借箭能够成功的关键，在于他对长江流域天气变化的把握，在于他对曹操心理的把握。

10.3.2 徐盛疑城之计

公元224年，曹丕亲帅水陆大军30余万，直下江南伐吴。孙权感叹眼前无人可用，徐盛毛遂自荐，孙权遂封徐盛为安东将军。徐盛随即传令，让众官军在建业周边筑起围栏，造起篱笆，围栏上设下假楼，江中准备浮船。

当曹丕行至广陵（扬州）时，前部曹真已领兵抵达长江。曹真向曹丕回报说，江南不见一人，也没有旌旗营寨。曹丕怀疑有诈按兵不动，黑夜仍不见对岸有半点儿火光。直到天将黎明，在大雾的掩映下，朦胧之中望见江南一连数百里，城郭舟车连绵不绝。原来是徐盛令东吴将士在建业城周边筑起的围栏、制造的篱笆及围栏上布设的假楼和芦苇草人，对曹丕起到了"风声鹤唳、草木皆兵"的效果。曹丕受惊后撤退到淮河，正中徐盛预先设下的埋伏，被大火烧了个丢盔卸甲，大败而归。

10.3.3 低能见度对 "沙漠风暴" 行动的干扰

1991年海湾战争中，尽管美国运用气象卫星获取了大量气象情报，但海湾地区的低能见度天气，还是给"沙漠风暴"行动带来了严重影响。

当地时间1月17日1时30分，美军战舰向巴格达上空发射"战斧"巡航导弹，拉开了代号为"沙漠风暴"的军事行动的序幕。1月18日，云层高度为1千米左右，能见度只有约3千米。美军原定当天上午用F-16战斗机袭击巴格达北部的塔吉火箭生产设施，由于能见度变坏，不得不改变航向，袭击了预备目标鲁迈拉机场。类似的低能见度天气曾多次出现，仅在美军空袭的头10天，就有约15%的预定飞行计划被取消。

海湾地区沙尘暴天气频繁，沙暴来时，黄沙遮天蔽日，能见度急剧下降。海湾战争期间，风沙使美军的"阿帕奇"直升机的发动机每工作50小时就会吸入三四十千克细沙，而且涡轮桨叶片时常结有沙层，造成15%飞机动力损失和10%燃料损失，各种故障也比以前有所增加。

海湾战争中，美军各军兵种都装备了性能先进的夜视器材，包括微光夜视仪、热成像仪等。同一台微光夜视仪在星光条件下可夜视600米，在乌云密布、天黑的夜晚夜视只有10米左右，而在大雾天气条件下则无法观察。

海湾战争中，由于受低云、大雾和沙尘的影响，美军有时不得不停止或减少夜袭。尽管如此，因不能识别目标造成误伤的事件仍时有发生。海湾战争发生整一个月后的凌晨，美军第101机械化步兵师官兵在"阿帕奇"直升机配合下，乘坦克和装甲输送车到阵地前沿执行巡逻任务。清晨5时左右，突然大风骤起，黄沙飞扬，顷刻之间东西南北难以辨认，直升机上虽有夜视装置，但对付沙尘暴仍然无能为力。正在这时，美军巡逻队同伊军相遇，双方交火，"阿帕奇"直升机向伊军发射导弹。由于能见度低，导弹偏离了目标。其中，两枚击中了自己人：一枚击中一辆装甲运兵车，另一枚击中一辆装甲车，造成美军士兵2名死亡、6名受伤。

据美军统计的资料表明，在"沙漠风暴"行动中，美军约有39%的误伤是由于目标识别错误造成的，其中最主要的原因是气象条件和战场环境。在高技术武器装备的作战能力中，精确制导打击能力和夜战能力受恶劣天气的影响更大。

事后，美国公开承认，由于海湾战争期间多云有雨，多国部队的空袭行动多次受阻，许多战机因能见度太差而携弹返回基地。阴雨和有雾的天气增大了空袭的难度。许多目标要反复轰炸，使空袭行动比计划增加了时间，原计划十几天的空袭行动持续了38天。

10.3.4　敦刻尔克奇迹

1940 年 5 月 21 日，德军将英、法盟军约 40 个师包围在法国北部的敦刻尔克地区。在德军装甲部队的凌厉攻势下，英国远征军和法国第 1 集团军处境危急。在盟军统帅部举行的紧急会议上，刚刚继任英国首相的丘吉尔认为，被围困的数十万盟军，从陆上突围已不大可能，坚守阵地的结局也只能是全军覆没，现在只有一条生路，就是迅速集结一切可以调动的舰船，通过英吉利海峡，撤出陷入重围的将士们。多数将领与丘吉尔的想法一致，认为此刻走为上策，保存一批经过战火考验的部队，将来就有重返西欧并取得最后胜利的希望。

为掩护大部队撤退，盟军迅速在格拉夫林、敦刻尔克和尼波特一带，组织了强大的反坦克火力，建立了比较坚固的防御阵地，在加来至敦刻尔克，尤其是在格拉夫林一线建立了重要的"洪水防线"。所谓"洪水防线"，就是将敦刻尔克和加来之间沿海一带的水闸打开，让大水淹没周围的低地，以阻挡沿着海岸迅速北上、向海峡港口推进的德军装甲部队。当水逐渐退去之后，只剩下一些不太深的积水时，德军的坦克集群便呼啸着向积水冲来，在隆隆的炮声中，积水溅起无数高大的水柱。刹那间，积水突然变成了火海。这是盟军的"水困火攻"阵。他们在积水中倒进了大量的汽油和酒精，一旦炮弹和燃烧弹落入水中，汽油和酒精便熊熊燃烧起来。烈焰吞没了德军的坦克，有的坦克乘员惊慌失措，在烈火中乱冲乱窜；有的驾驶员被烧昏了，坦克停在那里任其焚烧。

尽管盟军使尽浑身解数顽强防御，德军仍不断从陆上、海上和空中加强对敦刻尔克及海峡的袭击。成群的德军飞机在英吉利海峡上空飞来飞去，把炸弹倾泻在毫无掩蔽的海滩上，投在盟军满载撤退官兵的舰船上。

敦刻尔克大撤退历时 9 天（5 月 26 日至 6 月 4 日），实际上是 5 月 26 日、6 月 2 日和 3 日共 3 个晚上及 5 月 27 日至 6 月 1 日共 5 个全天，有 338226 人撤回英国，其中英军约 21.5 万人，法军约 9 万人，比利时军约 3.3 万人。

联军在撤离时，将重装备全部丢弃，带回英国的只不过是随身步枪和数百挺机枪，在敦刻尔克的海滩上，英法联军共丢弃了 1200 门大炮、750 门高射炮、500 门反坦克炮、6.3 万辆汽车、7.5 万辆摩托车、700 辆坦克、2.1 万挺机枪、

6400 支反坦克枪以及 50 万吨军需物资。

在撤退中，英法联军有 4 万余人被俘，还有 2.8 万余人死伤。这些伤亡人员中，有的是在抗击德军进攻坚守至关重要的防线时战死的，有的是在海滩等待上船时丧生在德军空袭和炮火下，还有的是在海上随着被德军击沉的船只而葬身大海。

英国共动员了 861 艘各型船只投入撤退，有 226 艘英国船和 17 艘法国船被德军击沉。

英国空军为了掩护撤退，总共出动 2739 架次战斗机进行空中掩护，平均每天出动 300 架次，有力抗击了德军空袭。

在德军地空火力猛烈轰击下，英法联军仍撤出了 33.8 万余人，被誉为"敦刻尔克奇迹"。产生这一奇迹的原因，除了地利和人和外，也有天时。

在撤退的这几天中，敦刻尔克地区大多是阴雨天气，阴天、大雾、小雨使大气能见度降低，迫使德国空军大幅度减少了对盟军的空中打击，仅在 5 月 27 日、5 月 29 日下午和 6 月 1 日进行了两天半的大规模轰炸，其余时间里要么是三五架飞机的小编队扰乱性空袭，要么干脆不出动战机，盟军因此而获得喘息之机，并减少了撤退中的伤亡——这是天时。

敦刻尔克松软的沙滩，是英法联军广大官兵的救星，德军飞机投下的炸弹，大多陷入沙滩，弹片难以有效散飞，杀伤力大大减低——这是地利。

后卫部队英勇抗击德军进攻，掩护主力撤退，特别是最后的后卫部队法军第 1 集团军，在明知自己已难以脱身的情况下，依然拼死战斗，守住了阵地；英国空军的飞行员竭尽所能，为部队提供掩护，有的飞行员一天出动三四次，使敦刻尔克海滩上空自始至终都有英军飞机，给予来袭德机以沉重打击；撤退部队的官兵，在等待上船和登船的时间里，保持了严格的组织纪律，秩序井然，没有发生争先恐后的混乱，使整个撤退过程非常顺利；撤退的组织者，那些海军军官以杰出的组织才能，统筹协调数以百计的各种船只，利用一切方法和器材，将 33.8 万人安全撤回英国，为以后的战争保留了一大批具有战斗经验的官兵，这些回到英国的官兵，绝大部分都成为日后反攻的骨干力量——这是人和。

尽管英军失去了大量的装备和军需物资，但却保留下一批经过战争考验的官兵，这是一批纪律严明、训练有素、作战英勇的精锐官兵，4 年后在诺曼底登陆的英军中，这些人无疑是绝对的中坚骨干力量。正如丘吉尔在 6 月 4 日向议会报告敦刻尔克撤退时所说："我们挫败了德国消灭远征军的企图，这次撤退将孕育着胜利！"

英国著名的军事历史学家亨利·莫尔指出，欧洲的光复和德国的失败就是从敦刻尔克开始的！这绝不是一场奇耻大辱的败退。

美国军事历史学家则把敦刻尔克撤退列为第二次世界大战最著名战役之首。

纳粹德国陆军上将蒂佩尔斯基在战后撰写的《第二次世界大战史》中满怀敬意地写到："英国人完全有理由为他们完成的事业感到自豪！"

尽管敦刻尔克是同盟国失败的顶峰，尽管德国的失败在当时还是无稽之谈，但毫无疑问，德国的最终失败就是从敦刻尔克的海滩上开始的！

10.3.5　亚眠战役德军雾中被击溃

1918 年 7 月 24 日，协约国决定由战略防御转入战略进攻。在召开的军事会议上，西线统帅福煦提出了新的战役计划。大意是要放弃防御的作战方式，变为进攻。德军也同时决定把东线战场的 40 万军队抽出投入西线，集中力量同英、法联军展开决战。西线已形成一触即发的战争态势。

英、法联军为实现对德军的奇袭，运输、部队调动都在夜间进行，并对阵地进行了伪装。进攻时间定于 8 月 8 日凌晨 4 时 20 分，战区在亚眠。

8 月 8 日凌晨 3 时，地面开始有雾生成，并逐渐变浓，到了 4 时，能见度几乎为零。英、法联军在 30 余千米的突破地段上集中了 21 个师、2600 多门火炮、500 余辆坦克，约 1000 架飞机。在坦克通过先遣部队的阵地之后，炮兵开始射击。

4 时 20 分，2000 余门火炮同时开火，炮弹像暴雨一般落在德军阵地及其后方的目标上。步兵在炮火的掩护下，对德军发起突然攻击。

英、法军队的进攻完全出于德军的意料。当时除了烟幕弹之外，恰逢天气有大雾，能见度极差，德军对十几米以远的情况全然看不清楚。等到可以看清时，大量的坦克已出现在德军士兵的眼前。猝不及防的德军士兵大批被机枪打死，有好几个师的司令部阵地也被联军占领。

7 时 30 分以后，雾开始慢慢消散。联军的飞机立即大批出动，袭击德国空军。德军被动挨打，损失惨重。仅 8 日一天，德军就有 2 万余人被打死和被俘虏。

这次战役持续到 8 月 13 日，德军损失惨重，英法联军收复了亚眠地区。

10.3.6　马岛之战英机雾中坠毁

1982 年 3 月 19 日，阿根廷军率先登陆南乔治亚岛并升起国旗。4 月 2 日，加尔铁里总统下令对马岛发动进攻。随后，英国派出海空军对马岛和周边海域的阿根廷军队发动反击。

4 月 20 日，英军具有雷达成像功能的胜利者空中加油机飞越南乔治亚岛进行探查。特别空勤队计划在 4 月 21 日进行第一次登陆，其余英军预备在次日登陆。然而天公不作美，大雾天气使英军的飞机未能全身而退，从潮泉号上起飞的威塞克斯直升机 5 号在冰河上坠毁，21 人不幸丧生。

10.4　降水对战争的影响

降水对军事行动的影响更加直接，危害更大。降水使能见度下降，道路泥泞，人员和车辆行进困难；暴雨和连绵降雨还会引起江河泛滥、山洪暴发，冲毁交通线路和桥梁，甚至使部队无法前进。虽然降水对攻守双方都不利，但对攻方的危害更大。

10.4.1　关羽水淹七军

公元 219 年夏，关羽率荆州军队，浩浩荡荡地向襄阳、樊城进发，很快将襄阳、樊城分别包围起来。樊城守将曹仁抵挡不住关羽军队的进攻，一方面坚守樊城不出，一方面派人向曹操告急求援。

曹操除指使曹仁坚守樊城，又急忙派遣于禁、庞德前去樊城援助曹仁，抵御关羽军队的进攻。于禁、庞德军驻扎在樊城以北的汉江改道的低洼地区。关羽长期征战在荆襄地区，了解当地的地理环境和气候条件。他见曹军驻扎在低洼地区，立即命令荆州军造大船，并调水军集结待命。

秋八月，适逢大雨连续下了十多天，汉江水暴涨溢岸，大水沿着汉江故道河床低洼地带，分三路涌向于禁、庞德军驻扎地，再加上唐河、白河、小清河，以及西北的普沱沟、黄龙沟、黑龙沟等地的山洪暴发，使于禁、庞德军驻扎地的水达15~20米深，被大水淹没。

于禁与诸将登高望水，一片汪洋，无处躲避。他只好与庞德等将领上堤避水。关羽命令他的水军乘船攻击被大水围困的曹军，并在大船上向曹军避水的堤上射箭，曹军死伤落水被俘者甚多，于禁被迫向关羽投降，庞德被擒，因不投降被杀。

10.4.2　司马懿雨中逃生

公元234年，诸葛亮六出祁山，北伐中原。司马懿深沟高筑，坚守不战。以火攻见长的诸葛亮设了个局，一边假意在上方谷安营扎寨，密令马岱造木栅、掘深堑、积干柴、搭窝铺，伏地雷、阻归路，并暗伏兵于谷中，一边让魏延接连诈败、高翔丢粮失草，让大批的木牛流马也落入敌手。

逼真的假象骗过了一贯以忍韧见长的司马懿，司马懿被魏延诱骗到山谷之中后，山上火箭射下，地下滚雷震天，窝铺干柴烈火，前路被阻，后路被围，这或许是司马懿一生最为悲哀的日子了。作为主帅，他竟下马抱着司马师、司马昭大哭道："我父子三人皆死于此地矣！"

正当司马懿父子三人抱头大哭之时，突然狂风大作，乌云翻滚，骤雨倾盆，谷中大火被大雨浇灭。诸葛亮火烧赤壁时能预测东风、大雾，但他却没能预测出来这次大雨，司马懿乘机冲出重围，死里逃生。

如果细究这场大火，还是诸葛亮的气象知识不够丰富。由于燃烧产生的热量使谷中空气温度高于四周环境空气的温度而产生对流，也许当时的水汽条件配合，形成了对流云，导致了大雨倾盆而下。

10.4.3　义军牛栏冈雨中杀敌

1841 年 5 月，以三元里村为代表的广州北郊人民的抗英斗争，是中国人民自发的反侵略战争。

5 月 29 日，广州北郊 103 个乡成立的联合义军，确定了第二天进攻英军的计划：诱敌离开四方炮台，引至牛栏冈聚而歼之。

30 日清早，数万义军集合在距英军营地不远的高地上。下午，英军司令官卧乌古决定将近千人的英军分为左右两翼，向高地上的义军发动攻击。

战斗打响后，义军实施诱敌深入战略，敌进一步，我退一步。英军追击过程中发现进入义军设伏圈后，开始回撤。正当英军沿原路返回时，忽然风雷交加，大雨倾盆，英军的火药枪被雨淋湿不能射击。

抗英义军利用敌军回撤和天降大雨使英军枪炮失灵之际，从两翼和身后对敌军实施包抄。地面迅速聚集的汪洋般的雨水，使英军不辨道路，或跌入深沟，或陷入泥田。熟悉地形的义军，挥舞手中的大刀长矛，向英军发动攻击，义军大获全胜。

10.4.4　暴雨使拿破仑兵败滑铁卢

1814 年，拿破仑率领 10 万新部队与 35 万联军作战，虽取得一些局部胜利，但因双方兵力悬殊，巴黎于 3 月底被联军攻陷，拿破仑被迫宣布退位。

拿破仑不甘失败，伺机东山再起。1815 年 2 月 26 日夜，他率领 1050 名官兵，分乘 6 艘小船，巧妙躲过监视，经过 3 天 3 夜的航行，于 3 月 1 日抵达法国南岸儒昂湾。拿破仑沿途所到，不少人欢呼雀跃。波旁王朝派出的阻击部队，因多是拿破仑旧部，所以纷纷归附。3 月 12 日，拿破仑未放一枪一弹，顺利进入巴黎，部队也已发展至 1.5 万人。3 月 19 日，拿破仑赶走国王，在万民欢腾声中重登王位。

英、俄、普、奥、荷、比等国结成的第 7 次反法联盟，急急忙忙抽调出一支英国军队、一支普鲁士军队、一支奥地利军队、一支俄国军队，打算彻底击败这个篡权者。拿破仑看清了面临的致命危险，他必须在普鲁士人、英国人、奥地利人联合成为一支欧洲盟军之前，就将他们分而攻之，各个击破。

6 月 15 日凌晨 3 时，拿破仑大军的先头部队越过边界，进入比利时。16 日，他们在林尼与普鲁士军遭遇，并将普军击败，被击败的普军向布鲁塞尔撤退。

17 日，拿破仑率领全军到达四臂村高地前，威灵顿已在高地上筑好工事，严阵以待。上午 11 时，拿破仑做出决定，在他自己向英军进攻时，格鲁希务必率领交给他的 1/3 兵力去追击普鲁士军，阻止他们与英军会合，并始终和主力部队保持联系。

原定 18 日凌晨 6 时发动进攻，然而天不作美。17 日夜，一场暴雨袭击滑铁卢小镇。一夜过后，战区地形面目全非，沟壑纵横，泥浆满地。辎重车的轮子淹没了一半，马肚带上也滴着泥浆。18 日 8 时，雨势虽减，但仍是细雨蒙蒙，拿破仑不得不把总攻时间推迟至 11 时 30 分。

暴雨不仅推迟了总攻时间，也为法军的进攻带来了许多困难。战场上遍地泥浆，道路泥泞难行。炮兵们拉着陷入烂泥中的大炮，在泥泞中跌跌撞撞地向居高临下的英军发动进攻，还未与英军接触，就已累得人困马乏。暴雨，彻底浇毁了拿破仑速战速决的作战计划。两军浴血交战至下午 5 时，威灵顿的普鲁士援军赶到，筋疲力尽的法军顿时阵脚大乱，迅速土崩瓦解。暴雨，再次使拿破仑这位顶天立地、不可一世的军事家、政治家功败垂成，抱恨终身。

10.4.5 美在越南战争中的气象武器——人工增雨

1967 年，为了阻止越南北方沿"胡志明小道"的后勤运输，美国总统约翰逊正式批准了人工增雨的秘密气象计划，利用飞机实施人工增雨，作业区域是老挝、柬埔寨、越南南方和北方毗邻地区。

1967～1972 年，美国在东南亚每个雨季，都进行飞机人工增雨作业。据统计，6 年间先后飞行 2600 多架次，向云中投放了 47400 多枚碘化银烟弹，耗资达 2160 万美元。

美国在越南实施的人工增雨，造成了"胡志明小道"运输线上道路泥泞、公路塌方、桥梁冲毁，迫使越南北方军队不得不抽出部分人员和物资整修道路，在一定程度上阻碍了越南北方部队的调动和物资运输，改变了越南北部的降水分布，使美军轰炸机便于轰炸目标，并为南越突击队和谍报队向越南北方渗透提供了云雨掩护。

战争，意味着流血，意味着死亡。人们渴望和平，诅咒战争。但是，从古至今，战争从未停止过。因为战争是政治赌徒的赌场，是野心家冒险的乐园。只要有政治赌徒和野心家的存在，世界就不得安宁，战争就不可避免。远的不说，仅20世纪以来，除发生两次世界大战外，局部还发生了朝鲜战争、柬埔寨战争、越南战争、中东战争、科索沃战争、马岛战争、阿富汗战争、两伊战争、波黑战争、海湾战争、美伊战争……

只要有战争，交战双方就不得不考虑气象条件对战争的影响，尤其是现代战争，气象条件对兵器的影响更甚。历史是一面镜子。历史上利用气象条件制胜的战例，值得后人借鉴；历史上毁于气象条件的战例，对后人同样有警示作用。

结　语

　　地球上所发生的一切自然灾害中，气象灾害约占 70%。随着国民经济的快速发展和科技水平的提高，气象与人类社会的关系越来越密切，人们开始意识到气象与人民生活、气象与经济发展的紧密关系，开始注意到气象服务于各行各业的经济效益和社会效益越来越明显。

　　中国气象事业是科技型、基础性的公益性事业，随着社会进步、经济发展，气象事业的公益性、基础性地位在不断强化。中国气象以数值天气预报模式投入业务运行为标志，形成了引进吸收与自主研发并重的新格局。初步构建了公共天气预报和专业天气预报的数值预报体系，并开展了精细化的气象要素预报和定量降水落区预报，初步建立了台风、暴雨、强对流、寒潮、高温、大雾、沙尘暴等灾害性天气的临近、短时和短期监测预警业务，开展了旬降水量、平均温度距平和天气过程中期预报，开展了 11～30 天的延伸期预报业务试验。全球中期数值天气预报时效达到了 6.5 天，数值预报技术逐步得到提高。中国近 10 年 24 小时暴雨预报准确率提高了 5%，台风 24 小时、48 小时路径预报和沙尘暴数值预报水平达到了世界先进水平。随着天气预报业务的发展，专业及专项气象预报业务内涵不断丰富，为重大社会活动、重大工程、重大突发事件的气象保障服务能力逐步加强。

　　地球大气千变万化，时而晴空万里，时而风云变幻，夏日雷鸣电闪，暴雨倾盆，冬日大雪纷飞，千山素裹，洪涝、干旱、酷暑、严寒，大自然的力量是人类无法抗拒的，所谓人定胜天也只是人们的想象。虽然人类拦不住大自然将要发生的灾难，但是采取与不采取防御措施却大不一样。随着气象预报技术的不断提高，服务能力的显著增强，对可能发生的气象灾害提前采取有效的防御措施，灾情就会大大减轻。

很多行业都与气象关系密切，诸如农业、航空、交通、电业等，各行各业对气象的依赖性日益增强，气象信息也逐渐成为各行各业避免遭受气象灾害、寻机快速发展的新武器。造福社会也成为气象的新课题，拓展气象服务新领域，天气预警、防雷减灾、卫星遥感、人工影响天气、气象短信等形式多样的服务应运而生，新的气象科技成果被及时地应用于社会的各个方面。

气象已不再只是大气科学，也需要拓展创新，与时俱进，需要不断满足社会各行各提出的新需求。目前国内气象服务领域已涵盖了农业、工矿、城建、交通运输、水利电力、旅游、仓储、环保以及文化体育等行业和部门，服务的内容包括天气实况、大气清洁度、灾害性天气等，还可以对降水、风力、冰冻、雷电、温度、湿度等特殊需求的单气象因素进行预报。

相对于国家气象防灾减灾需求和国际先进水平而言，中国天气预报的准确率和精细化水平仍有待进一步提高，数值预报的技术水平与国际间还有一定差距，卫星、雷达、风廓线等多种资料在有效应用上需要挖掘潜力，临近预报、精细化预报以及集合预报等新技术还需要不断研发和推广，全国科学合理的天气预报业务需要形成新的布局，预报员的业务技术水平仍需要进一步提高，主观能动作用需要更进一步发挥。

随着科学技术的快速发展，高性能计算机能力不断提高，多种遥感遥测气象资料得到有效应用，天气预报的准确率、精细化、时效性和专业化程度将显著提高，数值天气预报技术及现代气象在新的时代已经进入新的快速发展时期。

参考文献

［1］温克刚，丁一汇．中国气象灾害大典（综合卷）［M］．北京：气象出版社，2008．

［2］赵同进．气象灾害［M］．西安：未来出版社，2005．

［3］管志光．20世纪河南重大灾害纪实［M］．北京：地震出版社，2002．

［4］李爱贞，刘厚凤．气象学和气候学基础［M］．北京：气象出版社，2004．

［5］李万彪．大气概论［M］．北京：北京大学出版社，2009．

［6］莫杰，李绍全．地球科学探索［M］．北京：海洋出版社，2007．

［7］王凡．地球奥秘［M］．长春：吉林大学出版社，2010．

［8］贾金明，王运行，．气象与生活［M］．北京：气象出版社，2008．

［9］李红林．气象探秘［M］．北京：气象出版社，2011．

［10］（英）约翰·伍德沃德．探索气象万千［M］．北京：科学普及出版社，2009．

［11］中国气象局．中国云图［M］．北京：气象出版社，2004．

［12］王奉安．探知万千气象［M］．北京：农村读物出版社，2009．

［13］谭海涛，王贞龄，余品伦，等．地面气象观测［M］．北京：气象出版社，1985．

［14］成都气象学院．气象学［M］．北京：农业出版社，1979．

［15］张海峰．云天探秘［M］．北京：气象出版社，2007．

［16］中国气象局．地面气象观测规范［M］．北京：气象出版社，2003．

［17］郑明典．数值天气预报近期的发展趋势［J］．物理（双月刊），2001，23（3）：422–426．

［18］陈德辉，薛纪春．数值天气预报业务模式现状与展望［J］．气象学报，2004，62（5）：623–633．

［19］王斌，周天军，俞永强，等．地球系统模式发展展望［J］．气象学报，2008，66（6）：857－969．

［20］闫之辉，王雨，朱国富．国家气象中心业务数值预报发展的回顾与展望［J］．气象，2010，36（7）．

［21］李月安，曹莉，高嵩，等．MICAPS 预报业务平台现状与发展［J］．气象，2010，36（7）．

［22］冯秀藻，陶丙炎．农业气象学原理［M］．北京：气象出版社，1991．

［23］张其林，郄秀书，孔祥贞，等．人工引发闪电和自然闪电回击电流波形的对比分析［J］．中国电机工程学报，2007（6）．

［24］郄秀书，杨静，．新型人工引雷专用火箭及其首次引雷实验结果［J］．大气科学，．2010（5）．

［25］邹进上，刘长盛，刘文保．大气物理基础［M］．北京：气象出版社，1982．

［26］王鹏飞，李子华．微观云物理学［M］．北京：气象出版社，1989．

［27］盛裴轩，毛节泰，李建国，等．大气物理学［M］．北京：北京大学出版社，2003．

［28］姜永育，王晓．揭开人工增雨的面纱［J］．气象知识，2012（2）：24－25．

［29］王晓云．唤雨的人［J］．气象知识，2012（2）：26－27．

［30］百度．极光，北极光，雷电．http：//www.baidu.com/．

［31］中国天气网．二十四节气．http：//www.weather.com.cn/．

后 记

　　《多姿气象》是《科普通鉴》26卷之一，其姊妹篇是《缤纷气候》。

　　在编写过程中，得到了中国气象局的指导和大力支持，得到了河南省气象局各级领导和各处室的大力支持与配合，在此表示感谢！同时，编写组参考或引用了相关文献的资料、数据、图片，在成书之际，谨对大力支持和配合本书编写工作的相关单位和个人表示由衷的感谢！

露珠

霜

雾凇

雨凇

淡积云

浓积云

毛卷层云

透光高层云

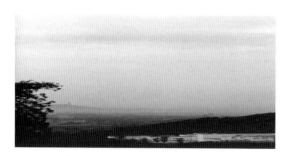

蔽光高层云

雨层云

蔽光高积云

透光层积云

蔽光层积云

荚状高积云

絮状高积云

蔚蓝的天

云霞

洁白的云

晕

佛光

虚无缥缈的蜃景